认识海洋·中国海洋意识教育丛书

●总主编 / 盖广生

美丽海洋

青岛出版集团 | 青岛出版社

认识海洋·中国海洋意识教育丛书

编 委 会

总 主 编　盖广生

本册主编　胡自民（中国科学院海洋研究所）

编　　委　马继坤　马璀艳　田　娟　刘长琳

　　　　　邵长伟　肖永双　胡自民　姜　鹏

　　　　　徐永江　王艳娥　孙雪松　王迎春

　　　　　康翠苹　郗国萍　崔　颖　丁　雪

PREFACE 前言

　　海洋比陆地更宽广，覆盖着 70％ 以上的地球表面积，容纳着地球上最深的地方，见证着沧海桑田的变迁，对地球生态系统的平衡和人类的发展有着不容忽视的影响力。因此，认识海洋、掌握海洋知识显得尤为重要。本套《认识海洋》科普丛书旨在向青少年普及基本的海洋知识，激发青少年对海洋的热爱和探索之情，让青少年树立热爱海洋、保护海洋的意识。

　　《认识海洋》科普丛书共有 12 个分册，分门别类地对海洋进行了全面、系统的介绍。本丛书通俗易懂、图文并茂，实现了精神食粮和视觉盛宴的完美结合。本丛书内的《回澜·拾贝》栏目则是对知识点的拓展和延伸，在进一步诠释主题、丰富读者知识储备的同时，提升读者的阅读趣味，使读者兴致盎然。

　　《美丽海洋》是一本丰富多彩的地理图册，将带你穿越时空，向你介绍海洋的形成；指导你遨游世界，让你领略不同地区海洋的风采；带你潜入海底，观赏雄伟壮丽的海底地形；与你一起畅游大海，向你展示各种神奇的海洋现象。还等什么，一起来感受海洋的美丽吧！

　　浩瀚的海，壮阔的洋，自由的梦。让我们一起走进美妙的海洋世界，学习海洋知识，感受海洋魅力，珍惜海洋生物，维护海洋生态平衡，用实际行动保护海洋。

CONTENTS 目录

PART 3

多样的海洋地貌　101

PART 4

神奇的海洋现象　131

CONTENTS 目录

PART 1

我们的地球

　　在浩瀚的宇宙中，有一颗美丽的星球，它以海洋为主宰，看起来晶莹剔透，让人迷恋。这颗星球就是我们的家园——地球。它经历过沧海桑田的变迁，演化成了拥有山川、河流、海洋和众多生物的乐园。

蓝色的星球

　　人类探索地球的脚步从未停止。16世纪，麦哲伦船队开展了环球航行，改变了人类对世界的认识。20世纪，人造地球卫星升上太空，人类在外太空看到了一颗晶莹美丽的蓝色星球——地球。地球约有70%的表面积被海洋覆盖，所以地球看上去是一个水球。

太空拍到的地球照片

　　1968年，美国"阿波罗"号宇宙飞船的一名宇航员在月球上拍下了一张"地球升起"的照片。这是第一张从太空拍摄到的彩色地球照片。1990年，美国"旅行者"号探测器拍摄到太阳系的总体照片，地球在这张照片中仅是一个微小的暗淡蓝点。

被海洋覆盖的星球

第一位进入太空的宇航员加加林曾说："人类给地球取错了名字，不该叫它地球，应叫它水球。"地球表面积约为 5.1 亿平方千米，其中陆地面积约为 1.49 亿平方千米，海洋面积约为 3.61 亿平方千米，海洋覆盖了地球表面约 70.8% 的面积。

加加林

加加林是苏联宇航员。1961 年，他乘坐"东方 1 号"宇宙飞船从拜科努尔发射场起航，绕地球飞行一周，成为第一个进入太空的地球人。

巨大的水圈

地球之所以看起来是一颗蓝色星球，是因为地球上存在着巨大的水圈。所谓"水圈"，其实是一个连续的不规则圈层，包括海洋、江河、湖泊、沼泽、冰川和地下水等，水量巨大。水圈的主要组成部分是海洋，海洋水约占地球上水体总量的 96.5%。

地球上的海洋

"海洋"包括洋和海。洋是海洋的中心部分。人们将地球上的大洋划分为太平洋、大西洋、印度洋、北冰洋四大洋。海是洋的边缘部分。世界上的海多姿多彩，各具特色，彼此分散却又能够通过海峡连通。

海水的组成

海水成分复杂，溶解了大量的无机盐类。此外，海水中还溶解着氧气、氮气、惰性气体及丰富的营养物质，还有少量的氨基酸和叶绿素等有机物质。

地球上的大陆

根据板块构造学说，地球岩石圈主要由太平洋板块、印度洋板块、亚欧板块、非洲板块、美洲板块和南极洲板块六大板块组成。这些板块上分布着大陆和海洋，大陆是海洋之间的分界。严格来说，大陆除海平面以上的陆地部分外，还包括海洋中环绕大陆的大陆架。地球上主要有六块大陆，包括亚欧大陆、非洲大陆、南美大陆、北美大陆、南极大陆和澳大利亚大陆。其中，最大的大陆是亚欧大陆，最小的大陆是澳大利亚大陆。

海洋与陆地的分布

在地球表面，海洋与陆地彼此间隔，交相辉映，让地球看起来非常漂亮。总体而言，海洋主要分布在南半球、西半球，陆地主要分布在北半球、东半球。以新西兰为中心的半球包括了太平洋和印度洋的大部分海域，因此被称为"水半球"；以西班牙东南沿海为中心的半球涵盖全球约6/7的陆地，包括欧洲、非洲、北美洲、亚洲大部分和南美洲大部分，因此也被称为"陆半球"。在陆半球，海洋面积仍然大于陆地面积。

回澜·拾贝

地球运动　地球绕自转轴进行的自西向东的转动称为"地球自转"。地球绕着太阳进行的转动称为"地球公转"。地球自转产生了昼夜变化，地球公转产生了季节更替。

海水的颜色　海水对除蓝色光外的其他色光吸收能力较强，对蓝色光的吸收能力较弱，并且能够反射蓝色光，所以海水看上去通常呈蓝色。但是，海水也会在悬浮物质、浮游生物等因素的影响下呈现浅蓝、黄、淡红、黑等颜色。

大陆之最　亚欧大陆面积为5000多万平方千米，是面积最大的大陆；澳大利亚大陆面积约为769万平方千米，是面积最小的大陆。

地球大变身

　　地球形成于约 46 亿年前，最初只是一个不毛之地。由于地球板块不断进行着挤压、碰撞、张裂、拉伸，地球发生了巨大的变化，由最初的荒凉星体逐渐演化成拥有陆地、海洋和众多生物的美丽星球。

原始地球的形成

　　在诞生之初，地球与现在我们所认识的截然不同。科学家们推断，原始的地球是一个由液态物质组成的球。经过漫长的历史时期，地球表层温度下降，密度大的物质向地心运动，逐渐形成地核，岩石等密度小的物质浮在地球表层，于是形成了表层以岩石为主的地球。

大陆漂移

　　观察右图你会发现，大西洋两岸的轮廓是遥相呼应的，两岸大陆的凸出部分和凹陷部分大致可以嵌合。其实，根据板块漂移学说，地球上所有的大陆在最初曾经是一块统一的巨大陆地，人们将其称为"泛大陆"。随着时间推移，泛大陆分裂，发生漂移，逐渐到达现在的位置。

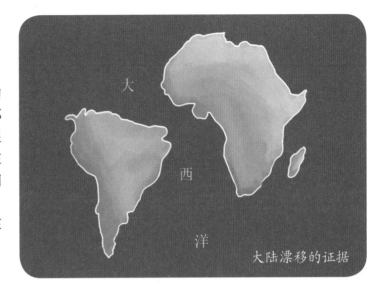

大陆漂移的证据

海洋的形成

　　原始地球形成后，内部物质在高温条件下呈液态，不同质量的物质在重力的作用下上浮或下沉，形成地壳、地幔、地核。表层地壳在冷却时因内部冲击和挤压作用而变得褶皱不平，甚至被挤破，形成地震与火山爆发，从地表不断向外喷涌岩浆。这个过程释放的水蒸气、二氧化碳等气体逐渐构成了稀薄的原始大气层。地球上的水分不断升腾，在原始大气层中不断积累。当大气层中的水分超过大气层的承载能力时，就形成了雨水。这场大雨持续了很长时间，地面上巨量的雨水最终汇聚成原始的海洋。

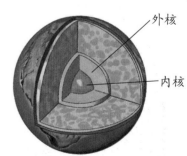

地核

　　地核位于地球的最内部，是地球的核心部分，主要由铁、镍元素组成，密度很大。

地形演化

　　地球表层的岩石层是不断运动的，因此形成了地球上多种多样的地形。岩石层水平运动时，通过挤压会形成巨大的褶皱山系、巨大的凹陷带、岛弧、海沟等地形；岩石层垂直运动时，通过凸起和凹陷会形成高原、断块山、盆地、平原等地形。

海陆变迁

　　地球上的海洋和陆地形成后并非一成不变。由于板块之间的碰撞和挤压，巨大的海洋会变成广阔的平原，甚至会成为高耸的山脉；与之相对，陆地也会下沉而被海水淹没，进而形成海洋。

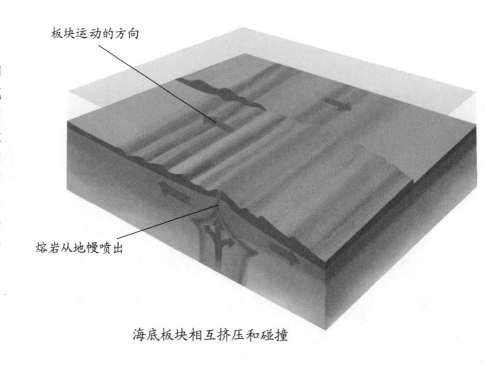

板块运动的方向

熔岩从地幔喷出

海底板块相互挤压和碰撞

海洋生物"游"上高原

喜马拉雅山脉是世界上海拔最高的山脉，山顶与海洋相距甚远。1964年，中国科学工作者在喜马拉雅山脉考察时，发现岩石中有鱼龙化石。随着科学考察的深入，科学工作者又发现了海螺、海藻等海洋生物的化石。这些海洋生物怎么会"游"上高原呢？其实，在几千万年前，喜马拉雅山地区曾是一片汪洋，这些化石中的生物就是这片海洋里的居民。后来，汪洋随着大陆的相向运动而消失，并且逐渐形成高大的山脉，原来生活在海洋里的生物就留在高原上，形成了化石。这一系列神奇的变化都是海陆变迁的结果。

鱼龙化石

海螺化石

回澜·拾贝

天体坠落　宇宙里的其他天体如果坠落在地球上，会引起坠落区的地表升降，有时也会引起海洋和陆地的变迁。

地壳运动　组成地球的物质在地球内部作用力的影响下发生的运动叫"地壳运动"。这种运动可以引起岩石圈的变化，从而影响海陆变迁。

珠穆朗玛峰　喜马拉雅山脉的主峰，位于中国与尼泊尔两国边界上，是世界上海拔最高的山峰，中国国家测绘局测量的峰顶岩石面海拔高程为8848.86米。

水循环

　　水循环是指自然界的水在水圈、大气圈、岩石圈、生物圈四大圈层中通过各个环节连续运动的过程。水循环是水圈所有的水联系的纽带，对人类的生活和生产有重要的意义。

水循环的环节

　　水循环是一个复杂的过程，整个过程涉及多个环节。全球性的水循环包括蒸发、大气水分输送、地表水和地下水循环及其他形式的水量贮蓄等。蒸发、降水、径流是水循环的最主要环节。这3个环节构成的水循环形式大幅度影响着全球的水量平衡。

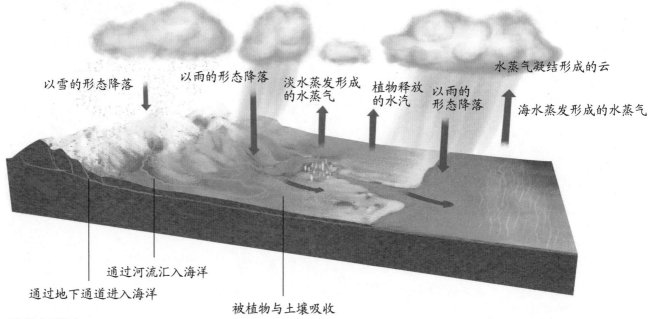

以雪的形态降落

以雨的形态降落

淡水蒸发形成的水蒸气

植物释放的水汽

以雨的形态降落

水蒸气凝结形成的云

海水蒸发形成的水蒸气

通过河流汇入海洋

通过地下通道进入海洋

被植物与土壤吸收

蒸发与降水

　　在太阳的照射下，海洋表层的水蒸发，形成大气中的水汽。水汽上升，在高空低温环境中形成雨、雪等。雨雪降落到达地面后会渗入地表及岩石孔隙形成地下水，也会进入土壤形成土壤水，或者形成径流，最终会流入大海。这样就形成了规律性的淡水循环。

水循环的意义

水循环不但将整个水圈联系在一起，而且对全球的气候变化和能量传输都有重要作用。地球上各个圈层的能量通过水循环实现转移和循环，地表的物质也通过水循环而进行迁移，很多地形也是通过水循环的搬运和堆积而形成的。此外，水循环还调节了冷暖气候的变化。更为重要的是，水循环可以使海水转化为淡水，使水可以循环利用。

水循环与污染

人类的生活污染物和工业废物通过不同的形式进入水循环，造成了环境污染。矿物燃烧产生的二氧化硫和氮氧化物进入水循环后会形成酸雨，在污染大气环境的同时，也会对地表水和土壤造成污染。此外，土壤中的有害物质也会在水循环的带动下进入海洋，还有部分废水和污水也会直接流入大海。通过水循环，我们身边的污染物会迁移，从而影响环境。所以，保护环境要从身边的一点一滴做起。

被污染的河水

污染形成酸雨

回澜·拾贝

水循环的分类　水循环可以分为海陆间循环、陆地内循环、海上内循环3种。

水量平衡　在一定的时间段里，全球范围的总蒸发量几乎等于总降水量。

周而复始的海水运动

海洋是广阔无边的，远远看起来就像巨大的镜子。但是，海洋可不是静止的，海水时刻都在运动。常见的海水运动形式包括波浪、潮汐、洋流，会对人类的生活和生产活动产生一定的影响。

波 浪

在一望无际的海面上，当海风轻轻吹过来的时候，海水就会离开原来的位置进行上下、前后运动，不停地起伏，形成波浪。波浪涌向海岸的时候，由于海水深度越来越浅，下层海水的上下运动受到阻碍，但上层海水仍保持原来的运动速度。在惯性的作用下，波浪会一浪叠一浪，越涌越高，于是形成了跳跃的浪花。

潮 汐

古时候，人们就已观察到海水的涨落现象，并且把白天的海水涨落称为"潮"，夜晚的海水涨落称为"汐"。后来，人们把海水在天体引力作用下产生的规律性涨落统称为"潮汐"。人们对潮汐加以探索，掌握了潮汐的基本规律，并且巧妙地运用潮汐进行发电，助力海上运输等。

洋 流

海水是不停运动的，人们把沿着一定的路径大规模流动的海水称作"洋流"或"海流"。洋流在世界的各大洋和海区都有分布。根据洋流的形成因素，人们将洋流分为风海流、密度流、补偿流，或者寒流、暖流等。各种各样的洋流为所经之地带来热量、营养物质等，影响着海洋的环境和生态系统，也影响着人类的活动。

德国军队巧妙利用洋流

直布罗陀海峡连通地中海与大西洋，大西洋的海水盐度比地中海低，但海面比地中海高，所以大西洋表层水会通过直布罗陀海峡流进地中海，而地中海底层海水则会通过海峡流入大西洋，形成典型的密度流。二战中，德国的潜艇利用这一原理，在关闭发动机的情况下出入直布罗陀海峡，从而避开了英国军队的监听，打击了英国军队。

潮汐发电　利用海水流动时的动能推动水轮机转动，从而将动能转化为电能进行发电。这种方式清洁环保，有利于保护环境。

洋流的意义　洋流是高纬度和低纬度地区热量运输与交换的重要方式，对沿海的气候、海洋生物分布及海上交通运输都有重要影响。

世界上最强大的暖流　墨西哥湾暖流也称"湾流"，发源于墨西哥湾，是世界上规模最大的暖流，很大程度上影响着北美东岸、西欧的气候。

洋与海——生命之源

　　原始的地球是一个不毛之地，没有氧气，没有臭氧层，紫外线直接到达地表。在这样严酷的条件下，海洋成为生命体的庇护所，孕育了最原始的细胞。这些细胞不断调整自己，以适应周围的环境，历经漫长的岁月，进化出地球上多种多样的生物。

地球上生命的起源

　　关于地球上生命的起源，目前科学界尚未有确定的结论。但是，科学家们推测原始生命起源于海洋。

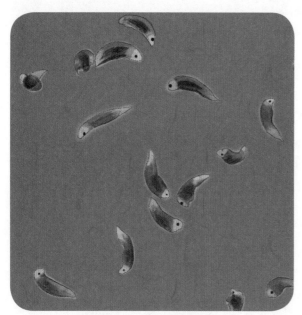

裸藻——单细胞生物

真核生物登上舞台

　　原始生命出现后，不断进化，经过漫长的过程，出现了有细胞核的绿藻等真核生物。随着进化，红藻、褐藻、金藻等藻类相继出现，海洋成了绚丽多彩的藻类世界。在这个过程中，裸藻等有鞭毛的原始生物逐渐掌握了运动和摄食的本领，进化成最早的原生动物。

水生动物成主角

　　原生动物为了适应周围的环境，通过进化和淘汰，形成了原始的多细胞动物。原始多细胞动物在进化过程中有了分工不同的器官，如海绵身上的小孔就是它们摄取食物的嘴巴，水螅进化出嘴巴和消化器官等。

海绵

动植物分化

原始海洋生物的细胞结构不断分化，形成了两个不同的类群：一类进化出制造养料的器官，逐渐演化成为植物；另一类则进化出发达的运动器官和消化器官，向着摄食其他有机物的方向发展，成为动物。

植物登上陆地

在海洋生物进化的同时，地壳也在不断运动，海面逐渐缩小，众多陆地从海面下升起。在海洋变化的过程中，一部分藻类经长期的进化逐渐适应了陆地生活。其中一些藻类进化成直立在泥沼上的蕨类植物。此后，蕨类植物繁荣发展，经过漫长的进化产生了地球上的花草树木，让大地生机勃勃。

脊椎动物大发展

在藻类登陆的同一时期，海洋里的生物也发生了重要的变化。海洋动物中逐渐进化出原始的鱼类，它们拥有发达的神经中枢，成为那个时代最高等的动物。鱼类不断繁殖，广泛分布到江河湖海。经过漫长的时间，部分鱼类开始向陆地前进，成为两栖类。历经沧海桑田，鱼类不断进化，于是地球上出现了各种各样的脊椎动物。

回澜·拾贝

三叶虫 一类在约5.6亿年前就已出现的远古动物，在地球上生存了约3.2亿年，因背甲分为一个轴叶和两个肋叶而得名。

《物种起源》 英国生物学家达尔文于19世纪发表的伟大著作。书里揭示了生物发展的历史规律，论证了地球上现存的生物都由共同祖先发展而来，提出了自然选择学说，从而创立了科学的进化理论。

物种进化方式 物种进化（小进化）主要有两种方式：一种是由一个物种逐渐演变为另一个或多个新种，称为"渐进式"；另一种是"爆发式"，如寒武纪物种大爆炸。

三叶虫化石

三叶虫合成图

浩瀚的洋与多姿的海

　　海洋是地球上最广阔的水体，覆盖着地球大部分的表面积。海洋分为海和洋：洋远离大陆，广袤浩渺；海与大陆相依，多姿多彩。它们分布在地球的不同位置，景色各异，与陆地、天空共同交织出绚丽的世界。

最大的洋——太平洋

太平洋是世界上最大、最深的大洋，被亚洲、大洋洲、南极洲和美洲环抱，东西最宽约为 1.9 万千米，南北最长约为 1.6 万千米，面积约为 1.8 亿平方千米，比地球上的陆地面积之和还要大。

最深的大洋

太平洋不但面积居于世界首位，而且深度也无与伦比。太平洋底部著名的马里亚纳海沟深度达 11034 米，是地球的最深处。此外，太平洋中还有约 20 条深度超过 6000 米的海沟。

温暖的大洋

太平洋面积广阔，储存的热量较多；同时，白令海峡阻断了来自北冰洋的冰冷海水。在这些因素的共同影响下，太平洋成为世界上最温暖的大洋，海面平均水温可达 19℃，而世界海洋表面平均温度仅为 17.5℃。

岛屿众多

在太平洋一望无边的海面上，分布着 10000 多个岛屿，其中大型的岛屿有 3000 个左右。太平洋西部分布的主要是大陆岛，如新几内亚岛、加里曼丹岛、日本岛等；太平洋中部和南部分布的主要是火山岛、珊瑚岛，如大洋中部的夏威夷群岛、澳大利亚东北部沿海的大堡礁。

新几内亚岛

新几内亚岛位于太平洋西部，全岛面积约为 78.6 万平方千米，是太平洋上最大的岛屿，也是仅次于格陵兰岛的世界第二大岛。

丰富的资源

太平洋空间广阔，温度适宜，是海洋生物生息繁衍的乐园，秘鲁、日本、中国、美国及加拿大等国沿海都有世界著名的渔场。太平洋浅海渔场面积约占世界各大洋浅海渔场总面积的一半，渔获量占世界总渔获量的一半以上。此外，太平洋近海大陆架上有储量丰富的石油、天然气、煤炭资源，深层海盆还有金属矿物资源。

神秘之岛

在太平洋东南部坐落着一座神秘的岛屿——复活节岛。人们在复活节岛上发现了许多尊巨大的半身人面石像。这些石像大小不等，表情丰富，有整齐地排列在海边的，有倒在草丛中的，有竖在祭坛上的。人们不知道这些石像是什么人雕刻的，也不知道它们的用途是什么。

太平洋上的威尼斯

太平洋南部的宽广海面上有一个名叫泰蒙的小岛。该岛的珊瑚礁浅滩上矗立着一座座高数米的神秘建筑物，这就是著名的"南·马特尔遗迹"。这些建筑物由巨大的玄武岩石柱纵横交错垒砌而成，大大小小有80多座。它们环绕着水面，相互分隔开，从高空俯瞰，就像意大利水城威尼斯，所以人们将其称作"太平洋上的威尼斯"。

南·马特尔遗迹

麦哲伦

回澜·拾贝

命名 航海家麦哲伦率船队在从南美洲到菲律宾群岛的航程中一直没有遇到巨大的风浪，因此他把这片海域命名为"太平洋"。

环太平洋地震带 指的是太平洋经常发生地震和爆发火山的地带。这一地带上有大量的海沟、列岛、火山，板块活动非常活跃。

太平洋第一条海底电缆 1902年由英国铺设的连通美国旧金山和火奴鲁鲁的海底电缆是太平洋第一条海底电缆。

"S"形洋——大西洋

大西洋是世界第二大洋，与很多海域相互连通，具有重要的交通意义。大西洋充满神奇的魅力，底部不仅有地质奇观，还有神秘的古城，让人着迷。

认识大西洋

大西洋处于欧洲、非洲与南、北美洲和南极洲的环绕中，整体轮廓略呈"S"形，自北至南全长约为1.6万千米。在赤道附近，洋面宽度较窄，最窄处仅有2400多千米。连同附属海和南大洋部分水域在内，大西洋总面积约为9336万平方千米，平均深度为3597米，在波多黎各海沟内最深处可达9218米。大西洋北部与北冰洋相连；南部与南极洲相邻，同时与太平洋、印度洋南部水域相通；东部紧依欧洲和非洲，经直布罗陀海峡与地中海相通，经苏伊士运河可到达红海；西部紧靠美洲且通过巴拿马运河与太平洋沟通。

阿特拉斯

阿特拉斯是古希腊神话中住在大西洋的大力士，力可擎天，知道任何一个海洋的深度。

洋底奇观

　　大洋中脊是大西洋洋底地形中最为特殊的奇观，全长约为 1.7 万千米，宽 1500 ~ 2000 千米，约占大洋宽度的 1/3，面积达 2228 万平方千米，约占大西洋底面积的 1/4，是大西洋底最突出的地形。

航运发达的大洋

　　大西洋位置优越，航路四通八达，是世界上航运最发达的大洋之一。大西洋沿岸地区港口众多，在全世界 2000 多个港口中，大西洋沿岸港口约占 3/5。大西洋货物吞吐量约占世界总量的 3/5，货物周转量约为世界货物周转量的 2/3，北大西洋航线上每天通行的船只平均有 4000 多艘。

海底古城

　　1958 年，美国动物学家范伦坦在大西洋北部的巴哈马群岛附近海底发现了一些神秘的建筑物。随着探索的深入，范伦坦发现了长达 450 米的巨大石墙，其周围还有平台、道路、码头等建筑。于是，范伦坦认为这些建筑是被淹没的古代港口。1974 年，苏联科学考察人员在水下进行摄影考察，再次证明这些建筑真实存在。有人认为，这些建筑就是传说中的亚特兰蒂斯帝国遗迹。

亚特兰蒂斯文明

　　《柏拉图对话录》中描述：亚特兰蒂斯是古代的强大帝国，文明高度发达，有用金银财宝建造而成的城堡，但因洪水和地震沉入海底。

神秘的百慕大

百慕大三角是由百慕大群岛、波多黎各、迈阿密所围成的一片三角形海域。这片海域经常发生飓风，海面上常常会出现几十米高的巨浪。该海区底部地形复杂多变，部分区域水深超过数千米，隐藏着许多人类尚未发现的秘密。据记载，通过这个区域的飞机、船只有时会神秘消失，有人认为这个海区可能有着神秘的时光隧道。

海产资源　大西洋海产资源丰富，海域内分布着很多渔场，其中纽芬兰和北海地区为世界著名的渔场，盛产黄鱼、鱿鱼和金枪鱼等多种经济鱼类。

大西洋的海湾　包括墨西哥湾、几内亚湾、哈得孙湾、巴芬湾、圣劳伦斯湾等。

最大的海洋石油产区——印度洋

印度洋位于亚洲、大洋洲、非洲和南极洲之间，包括属海在内的面积约为7500万平方千米，约占世界海洋总面积的20%，是世界第三大洋。印度洋与太平洋和大西洋相连通，有着重要的交通意义。不仅如此，印度洋内还分布着众多的岛屿，洋底蕴藏着丰富的油气资源。

航运要道

印度洋位置优越，连通红海、地中海、大西洋和太平洋，是联系亚洲、非洲和大洋洲的航运要道。印度洋沿岸港口众多，通过海上航线将不同地区联系了起来，沿岸各国出口的石油、矿砂等通过印度洋上的航线运到世界各地。

岛屿众多

印度洋中分布着很多岛屿，大部分是大陆岛，如锡兰岛、安达曼群岛、尼科巴群岛、明打威群岛等。除了大陆岛，大洋内还分布着留尼汪岛、科摩罗群岛、阿姆斯特丹岛等火山岛，以及拉克沙群岛、马尔代夫群岛、查戈斯群岛、圣诞岛、科科斯群岛等珊瑚岛。这些岛屿大多风光无限，是著名的国际旅游胜地，如马尔代夫群岛、塞舌尔群岛等。

塞舌尔群岛

位于西印度洋，由90多个岛屿组成，是一个热带群岛。群岛附近海碧天蓝，阳光充足，附近海域有着绚丽多彩的珊瑚礁和丰富多样的海洋生物。在群岛的众多岛屿里，阿尔达布拉岛是著名的龟岛，生活着很多大海龟。

丰富的油气资源

印度洋蕴藏着丰富的石油和天然气资源，是世界上最大的海洋石油产区。据统计，印度洋的石油产量约占世界海上石油总产量的33%。印度洋内的油气资源主要分布在波斯湾。此外，孟加拉湾、红海、阿拉伯海、澳大利亚附近的大陆架、非洲东部海域及马达加斯加岛附近也蕴藏着丰富的石油和天然气资源。

印度洋上的原始部落

印度洋北部孟加拉湾的安达曼群岛上，有一个叫作"北森提奈岛"的小岛。岛上生活着一些原始部落居民，人们称其为"森提奈人"。森提奈人在这个岛上生活了约6万年。他们皮肤黝黑，身材矮小，以狩猎为生，几乎不与外界来往。森提奈人的领地意识非常强，如果有陌生人闯入领地，他们可能会万箭齐发，进行攻击。

回澜·拾贝

阿米兰特海沟 位于西印度洋的塞舌尔群岛之南，是印度洋最深的海沟，最深处可达9074米。

印度洋海啸 2004年，印度洋海域发生了让世界震惊的印度洋海啸，海浪高达10余米，波及波斯湾的阿曼、非洲东岸索马里及毛里求斯、留尼汪等国，给人们造成了巨大的损失。

自然资源 印度洋不仅蕴藏着大量的油气资源，还有铁、铜、金、银等金属矿产。此外，这里还有种类丰富的鱼类、软体动物和海兽。

冰雪覆盖的大洋——北冰洋

在地球的最北端，有一片被冰雪覆盖的大洋，即北冰洋。北冰洋处于亚欧大陆和北美大陆的环绕下，面积约为1300万平方千米，是四大洋中最小的大洋。

冰雪世界

北冰洋气候寒冷，海区内最冷月气温低达 –40℃ 至 –20℃，暖季的月平均气温都在 8℃ 以下。在这样的低温条件下，北冰洋几乎常年冰冻，堪称一片白色的冰雪世界。除严寒之外，风暴也是北冰洋的一大特点。寒季到来，风暴就会卷集着雪花在海域内咆哮。但是，暖季到来后，北冰洋上就会弥漫着阵阵海雾，仿佛仙境。

冷水中的生机

北冰洋虽然寒冷，但冷水中依然有生机。北冰洋海域内有多种多样的海藻，还有种类繁多的鱼类，在浮冰上还有珍贵的北极熊、胖乎乎的海豹和海象等。此外，在北冰洋加拿大海盆深处，科学家还发现了多种新奇的水母和其他新型海底生物。

意义重大

北冰洋是全球气候系统中重要的冷源之一。冰天雪地的北冰洋可以为空气和水降温，有利于地球维持正常气候。此外，北冰洋拥有储量丰富的石油和天然气资源，是人类巨大的资源宝库。另外，在军事方面，北冰洋独特的地理位置也赋予了它重要的战略地位。

海冰不断融化

北冰洋上的海冰对气候变化非常敏感，全球气候变暖已经使海冰面积大幅减少。2005 年 9 月，卫星监测到的北冰洋的海冰面积仅有约 530.95 万平方千米。2007 年，海冰范围再次大幅度减少，面积降至约 360 万平方千米。

北冰洋的奇特生物

寒冷的北冰洋是一片神秘的大洋，海底生活着诸多奇特的未知生物。海洋生物学家在俄罗斯西北部的海域里拍摄到了人们从未见过的美丽生物，有在海水中不断游动的像蝴蝶一样的海螺，还有通体透明的海天使、造型奇特的海蛞蝓等。这些生物拥有让人惊叹的外形和绚丽的色彩，仿佛来自外星的物种，让人大开眼界。

北冰洋的历史 约2000万年前，北冰洋只是一个巨大的淡水湖。约在1820万年前，由于地球板块运动，大西洋海水流入北极圈后，才逐渐形成北冰洋。

交通地位 北冰洋位于亚、欧、北美三大洲的顶点处，是联系三大洲的最短航线，因此北冰洋的交通地位非常重要。

战略要地——东海

东海面积约为 77 万平方千米，平均水深约为 370 米，是中国三大边海之一。这片海域不仅是巨大的鱼类资源宝库，还蕴藏着储量丰富的石油资源，同时具有重要的战略地位，对中国来说意义重大。

重要的战略地位

东海与中国大陆直接相连，最东到达冲绳海槽，连接了黄海、南海两大海域，地理位置特殊。东海分布着中国的大部分岛屿，是中国近海防御的关键性海域，也是东出太平洋的必经之海，具有重要的战略地位。

东海定期维权巡航

中国海监建立了东海定期维权巡航制度，并利用船舶和飞机实施东海的定期维权巡航执法工作。

春晓油气田

春晓油气田是中国在东海陆架盆地西湖凹陷中开发的一个大型油气田，探明的天然气储量达700亿立方米以上。春晓油气田由多个油气田组成，除春晓外，还包括平湖、残雪、断桥和天外天等油气田。

鱼类宝库

东海海域水质优良，是多种水团的交汇海域，海水内有充足的饵料，因此成为多种鱼类繁殖、越冬的重要海域。东海盛产大黄鱼、小黄鱼、带鱼、墨鱼等，是中国重要的海洋鱼类资源宝库，形成了中国著名的舟山渔场。但是，随着渔民的过度捕捞，东海渔场一度出现了无鱼可捕的困境。人们应该增强环保意识，保护海洋，合理捕捞，这样才可以与海洋共同发展。

规模宏伟的海上桥梁

杭州湾跨海大桥横跨杭州湾，连通浙江嘉兴和宁波两地，全长达 36 千米，规模庞大，气势雄伟。整座大桥呈"S"形，与周围环境完美相衬，已经成为东海著名的景观。大桥上建有一个面积达 1.2 万平方米的宽敞的海中平台，既是海上的交通服务救援平台，又是旅游休闲的绝佳场所。平台上还建起了一座高大的观光塔，让游客可以饱览大桥雄姿和海上风光。

回澜·拾贝

海水温度　东海年平均水温为 20℃～24℃，年温差为 7℃～9℃，是多种鱼类的越冬海域。

注入东海的主要江河　长江、钱塘江、瓯江、闽江等四大水系是注入东海的主要江河。

依偎在怀抱里的孩子——渤海

渤海三面被陆地环绕，是一片几乎封闭的内海。在渤海海岸，辽东半岛南端的老铁山角与山东半岛北岸的蓬莱隔海相对，形成一双巨臂，将渤海揽入温暖的怀抱。渤海沿岸地区经济发达，分布着很多重要的港口，对中国海运发展有着重大意义。

华北地区的"蓝色葫芦"

渤海地处中国大陆东部北端，东面与黄海相通，北、西、南三面与辽宁、河北、天津和山东三省一市相接，被辽东半岛和山东半岛形成的巨大怀抱所保护。从高空俯视，渤海就像一个侧卧的"蓝色葫芦"。

庙岛群岛

庙岛群岛又称"长岛"，位于渤海、黄海交汇处。群岛风景优美，有著名的九丈崖、月牙湾等景区。

发达的经济

渤海物产丰富，环境宜人，渔业、港口、石油、旅游、海盐等资源是渤海沿岸城市经济发展的主要动力。海洋化工、修造船、水产加工、石油化工、纺织等第二产业和第三产业的蓬勃发展，使渤海沿岸经济发展蒸蒸日上。

举足轻重的海上门户

　　天津港处于渤海湾西端，是中国十分重要的海上门户。天津港对外交通十分发达，是华北、西北地区能源物资和原材料运输的主要中转港，也是北方地区集装箱干线港和发展现代物流的重要港口，已成为中国对外贸易的主要口岸之一。

　　优势资源　渔业、港口、石油、旅游和海盐是渤海的五大优势资源。

　　辽河三角洲　辽河三角洲是渤海沿岸的一个重要三角洲湿地。这里芦苇丛生，是中国主要的芦苇产区。

浑浊的边缘海——黄海

　　黄海位于中国大陆与朝鲜半岛之间，是太平洋西部的一个边缘海，因为含沙量大，所以海水看起来非常浑浊。黄海西北部通过渤海海峡与渤海相连，东临朝鲜半岛，南部与东海相邻，有着重要的地理位置。

名字由来

　　历史上在数百年的时间里，滔滔不绝的黄河水直接流入黄海。河水挟带来大量的泥沙，导致海水中悬浮物质逐渐增多，海水透明度变小，近岸的海水呈现黄色，因此人们将这片海域称为"黄海"。

西太平洋边缘海

　　黄海是太平洋西部的边缘海，是半封闭的大陆架浅海，海底平缓，平均水深为44米，最深处在济州岛北面，水深为140米。

丰富的海产

黄海水温较温暖，适宜多种海洋生物生长繁殖，因此海产资源丰富多样，盛产牡蛎、文蛤、对虾、刺参等。

中国的好望角

成山头是胶东半岛最早看见日出的地方。古人曾美称它为"太阳启升的地方"，在春秋时期，它也被称为"朝舞"。成山头三面环海，山峰林立，海景壮阔，有"中国的好望角"之称。

回澜·拾贝

南黄海和北黄海 黄海在胶东半岛成山角到朝鲜的长山串之间海面最窄，人们以两地的连线将黄海分为北黄海和南黄海两部分。

大沙渔场 位于黄海与东海的交界处，是黄海沿岸的优良渔场之一。渔场内饵料充足，水温适宜，盛产海鳗、小黄鱼、带鱼等鱼类和许多虾类。

潮差 总体而言，黄海东部的潮差比西部的大。东部仁川港附近的潮差最大，可达10米；西部成山头附近潮差最小，不足2米。

中国最大的边海——南海

南海是中国面积最大的边海，总面积约为350万平方千米。南海海域分布着众多岛屿，海域内盛产各种各样的海洋生物，海底是一个巨大的海盆，矿产资源也非常丰富。

重要的边海

作为中国最大的边海，南海对中国的发展有巨大的影响。它位于西太平洋和印度洋间的航运要冲，北靠中国大陆和台湾岛，东接菲律宾群岛，南邻加里曼丹岛和苏门答腊岛，西接中南半岛和马来半岛，对中国的交通运输、国防建设都具有十分重要的意义。

最深的海区

南海不仅是中国最大的边海，也是中国最深的海区。南海平均深度约为1212米，最深处约为5377米。这样的深度可以淹没大约4座叠放起来的衡山。

南海诸岛

南海诸岛依据位置主要划分为东沙群岛、西沙群岛、中沙群岛、南沙群岛。岛屿上植被繁茂，栖息着红脚鲣鸟、海鸥等多种珍奇鸟类，岛屿附近的海域珊瑚众多，海龟、鱼儿游来游去，非常漂亮。

物产丰富的热带海洋

南海属于热带海洋，海洋生物资源丰富多样。南海鱼类有 1500 多种。南海是海龟活动的海区，常见的有玳瑁、棱皮龟等。浮游生物和底栖动物种类繁多。除了丰富的海产，南海大陆架上还蕴藏着大量的油气资源。

世界第三大陆缘海　南海是中国最大的边海，也是仅次于珊瑚海和阿拉伯海的世界第三大陆缘海。

海南　海南省是位于中国最南端的省级行政区，海南岛是中国最大的省级经济特区，也是仅次于台湾岛的中国第二大岛。

西北太平洋最大的边缘海——日本海

日本海是西北太平洋最大的边缘海，整个海域呈椭圆形，总面积约为100万平方千米，属温带海洋性季风气候，冬季会出现降雪天气。日本海内水产资源丰富，海底含有磁矿砂及大量油气资源。

种类繁多的海洋生物

日本海有寒暖流交汇，大量浮游生物在此聚集，养育了多种多样的海洋生物。日本海内的鱼类约有600种，包括名贵的太平洋沙丁鱼、鲱鱼、比目鱼、鳕鱼等。这片海域还生活着白鲸、抹香鲸、蓝鲸等大型海洋哺乳动物。

富饶的矿产

　　日本海位于中纬度地带，整片海域呈南北纵向分布，海底蕴藏着丰富的矿产。日本海东部沿岸的秋田、北部的萨哈林岛沿岸和南部的对马海盆均储藏着大量的石油、天然气。除油气资源外，海底还有珍贵的磁性海砂。

被污染的海洋

　　日本海特殊的水文性质导致其对污染物处理能力有限。大量的漂浮垃圾进入日本海后，严重破坏了日本海海岸环境和生态系统；此外，废弃放射物质和石油泄漏对海洋环境造成了巨大的影响。

　　日本海的海峡　日本海海域主要有宗谷海峡、津轻海峡及朝鲜海峡等。

重要的交通枢纽——濑户内海

　　濑户内海在日语中意为"狭窄的海峡"，面积约为9500平方千米。濑户内海连通多个海洋，是沿岸关西地区及九州间的运输中心。它的沿岸分布着大量工厂，还有很多著名的旅游胜地。

重要的交通中心

　　濑户内海被本州岛、九州岛和四国岛环绕，还与菲律宾海和日本海相互贯通，地理位置非常优越，自古以来就是日本关西地区和亚洲大陆之间文化往来的中心。江户时代，濑户内海曾被当作日本海沿岸向大阪运输货物的主要通道。近代和现代，濑户内海的航运进一步带动了沿岸工业的发展。因此，濑户内海又被人们称为"工业运河"。

濑户内工业区

　　濑户内海沿岸散布的工业区统称"濑户内工业区"，属于典型的加工贸易地区，是第二次世界大战后新兴的工业地带。第二次世界大战后，濑户内海沿岸各地大规模填海造陆，兴建现代化港口及工厂企业，其工业生产以重工业和化学工业为主。

濑户内海国家公园

　　濑户内海国家公园是日本著名的旅游胜地之一，范围宽广，包括以濑户内海为中心，联合分布其间的部分岛屿及沿岸的风景名胜而形成的区域。濑户内海国家公园不但环绕着大阪、神户和广岛等现代化港口城市，而且分布着纯朴自然的渔村、古朴神秘的寺庙和神殿，因此人们将这里看作日本"最完美的反差"。

回澜·拾贝

　　濑户大桥　位于本州岛到四国岛之间，跨越濑户内海。整座桥梁由多座吊桥、斜张桥与梁桥组成，规模庞大，非常壮观。

　　严岛神社　修筑于濑户内海海滨潮间带上，主要祭奉日本古代传说中的三位海洋女神。神社前方立于海中的大型牌楼——"大鸟屋"是被称为"日本三景"之一的严岛境内最知名的地标。

大洲分隔线——白令海

　　白令海是位于太平洋最北端的边缘海，海区呈三角形。白令海位置独特，是亚洲、北美洲的洲界线。

白令

白令海名称由来

　　白令海以丹麦探险家维图斯·白令的名字命名。1728年，白令与众探险队员踏上探险之路。他们驾船穿过白令海，通过白令海峡进入南楚科奇海。1733年，他们第二次探险返航时所乘探险船不幸触礁沉没，白令和探险队员全部遇难。为纪念白令，人们以"白令海"来命名此海，沿用至今。

地理位置

　　白令海是太平洋沿岸最北的边缘海，北部的白令海峡连通北冰洋，南部的阿留申群岛紧临太平洋。白令海的海区呈三角形，分隔了亚洲大陆与北美洲大陆。不仅如此，在白令海和白令海峡上还分布着美、俄两国的国界线。所以说，这片海域的地理位置非常重要。

海产资源

　　白令海有繁殖旺盛的藻类和其他小型浮游生物，为诸多海洋动物提供了充足的食物来源，成为海洋生物的乐园，形成了海产丰饶的渔场。白令海海域主要盛产巨蟹、虾和300多种鱼类，还生活着种类丰富的鲸类，包括虎鲸、白鲸、长须鲸、露脊鲸、抹香鲸等。

圣劳伦斯岛

　　圣劳伦斯岛地处亚洲和美洲大陆之间，被称为"亚美大陆的跳板"。该岛于1728年由白令发现，长约140千米，宽约35千米，面积约为4640平方千米，其轮廓看起来就像一只淘气的小松鼠。圣劳伦斯岛属美国阿拉斯加州管辖，海岸住有少量渔猎为生的因纽特人。

　　寒冷的海域　　白令海终年寒冷，南部年平均气温为2℃~4℃，北部年平均气温可达-10℃。

　　海豹繁殖场　　白令海中的普里比洛夫群岛是海豹的繁殖场，每年来此繁殖的海豹有20多万头。

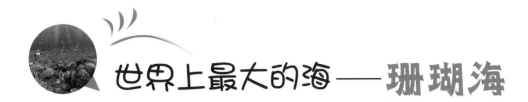

世界上最大的海——珊瑚海

　　珊瑚海又称"所罗门海"，因海区内分布着众多环礁岛、珊瑚石平台而得名。珊瑚海是世界上最大的海，海水的盐度、透明度很高，污染程度较小，是一片纯净、深蓝的美丽海域。举世闻名的大堡礁就分布在这片海域。

地理位置

　　珊瑚海属于太平洋西南部海域，位于澳大利亚和新几内亚岛以东，新喀里多尼亚岛和新赫布里底群岛以西，所罗门群岛以南。珊瑚海周围几乎没有河流注入，水质格外优异，再加上这里气候温和，海水温暖，便成为珊瑚虫的生长乐园。海域内珊瑚礁丰富多样，绚丽多彩。

最大、最深的海

　　珊瑚海是世界上最大的海，南北长约 2250 千米，东西宽约 2414 千米，总面积达 479.1 万平方千米。珊瑚海不仅面积广阔，深度也让人惊叹，海区平均水深达 2000 米以上，大部分海域水深为 3000 ~ 4000 米，最深可达 9174 米。因此，珊瑚海也被认为是世界上最深的海。

风光无限的大堡礁

珊瑚海中坐落着世界闻名的 3 个珊瑚礁群——大堡礁、塔古拉堡礁和新喀里多尼亚堡礁，其中大堡礁是世界上最大的礁群。大堡礁位于澳大利亚东北部，长达 2000 多千米，东西最宽达 150 千米，面积约为 8 万平方千米，有 500 多个珊瑚岛。大堡礁珊瑚岛上有郁郁葱葱的热带丛林，人们可以透过沙滩外碧蓝的海水看到五颜六色的珊瑚礁平台。这里阳光充足，空气清新，是多种多样的海洋动物的家园，更是人们旅游观光的胜地。

鲨鱼海 珊瑚海中经常有成群结队的鲨鱼，因此也被称为"鲨鱼海"。

新喀里多尼亚堡礁 位于珊瑚海的东南部，处在澳大利亚东部各港通往亚洲东部的必经航路上。

珊瑚 珊瑚虫分泌出的外壳，形状大多像树枝一样，颜色鲜艳。珊瑚对海洋生态环境意义重大，可以做装饰品，具有很高的药用价值。

浮冰观赏地——鄂霍次克海

鄂霍次克海是太平洋西北部的边缘海，海域内岛屿众多，沿岸大部分为高大险峻的悬崖峭壁，海岸上分布着黑龙江、乌第河、品仁纳河等河的河口。冬季，鄂霍次克海海面上会出现大量的浮冰，成为著名的景观。

海上浮冰

海水里含有盐分，其冰点温度比淡水要低。通常来说，海水温度下降到 −1.8℃ 以下时就会出现海冰。在寒冷的冬季，海冰形成后，在风和海浪的作用下逐渐成为浮冰。浮冰在海面上漂流、堆积，成为块状浮冰。

每年冬季，鄂霍次克海上都会出现大量浮冰。这些浮冰不易融化，随着洋流在海面上沉浮，是当地著名的旅游景观。人们可在日本乘坐专用破冰船观赏浮冰，如果运气好，还能遇到从北极地区迁徙来的海豹呢。

千岛群岛

鄂霍次克海东南部的千岛群岛是鄂霍次克海与西北太平洋的分界，也是鄂霍次克海与太平洋的重要海上通道，控制着两个海域之间的船只往来。不仅如此，千岛群岛上还有大量火山，并且时常因火山喷发形成烟雾弥漫的景象，再加上群岛所在的海域经常大雾茫茫，使千岛群岛常处于烟雾迷蒙的环境中，仿若海上仙境。

主要港口

鄂霍次克海位于千岛群岛和亚洲大陆之间，连通日本海和太平洋，沿海的主要港口有纳加耶夫湾的马加丹和鄂霍次克、千岛群岛的北库里尔斯克和南库里尔斯克及萨哈林岛的科尔萨科夫。

鄂霍次克　　鄂霍次克是俄罗斯人在太平洋沿岸建立的第一座海港，人们以此为鄂霍次克海命名。

鄂霍次克区舰队　　1731年，俄国以鄂霍次克港为基地，建立了鄂霍次克区舰队，进行海岸巡逻，保护渔船。

岛屿环绕的海——苏拉威西海

　　苏拉威西海形成于约4200万年前，位于太平洋西部，被众多岛屿环绕，海域沿岸分布着很多风景优美的港口城市。苏拉威西海是沿岸东南亚国家的重要航运海域。

岛屿环绕

　　苏拉威西海是菲律宾和印度尼西亚之间的岛间海，被棉兰老岛、加里曼丹岛、苏拉威西岛3个大岛和苏禄群岛、桑义赫群岛两个群岛围绕。位于苏拉威西海西侧的加里曼丹岛面积约为74.3万平方千米，是世界第三大岛，岛上约80%的面积被森林覆盖，是世界上著名的热带雨林区。

连通大洋的重要海域

　　苏拉威西海位于太平洋西部，西北与苏禄海连通，西南经望加锡海峡进入爪哇海，东南经马鲁古海峡进入马鲁古海，是菲律宾、印度尼西亚、马来西亚等东南亚国家相互沟通的重要海域，也是这些国家与太平洋、印度洋地区相互沟通的必经水域。

海岸古城

苏拉威西海沿岸的三宝颜是菲律宾最古老的城市之一，也是菲律宾棉兰老岛西部大港。当地别致的西班牙式建筑、魅力无限的海滩、独特的风土人情让世界各地的游客流连忘返。不仅如此，当地萨马尔族居民的海上木屋也是一种别致的景观。这种木屋搭在海上，由几根插入水中的木柱支撑，人们把这种木屋组成的渔村称为"水上部落"。

神秘生物

苏拉威西海被众多岛屿环绕，处于半隔绝状态，海区内生活着许多令人称奇的生物。在近海滩处，生活着一种黑色水母，还有通过蠕动方式游泳的近乎透明的海参，以及长着10条触须的多刺橘黄色扁圆蠕虫。

棉兰老岛　位于苏拉威西海北侧，面积约为94630平方千米，是菲律宾的第二大岛。

棉兰老海　为了航海上的需要，人们将苏拉威西海北部的一片水域划分为一片新的海，并且以棉兰老岛将其命名为"棉兰老海"。

海盗猖獗　苏拉威西海地理条件复杂，岛屿环绕，海盗容易隐蔽和发起袭击，给航行运输造成了巨大威胁。2010年6月，国际海事局发布了南海海域海盗警报，苏拉威西海正位于海盗多发区范围内。

航道咽喉——阿拉斯加湾

　　阿拉斯加湾是太平洋的一个海湾，位于美国阿拉斯加州南部，面积约为132.7万平方千米，平均深度为2431米，最大深度为5659米。阿拉斯加湾沿岸分布着许多优良海港，是美国宣布战时要控制的航道咽喉之一。

海上咽喉要道

　　阿拉斯加湾位于北太平洋东北角、北美大陆西北侧，沿岸分布着安克雷奇、西厄德、瓦尔德兹和科尔多瓦等优良海港，海湾及其南部水域是联结阿拉斯加与美国西部的海上必经之路。阿拉斯加湾对美国与外界的海上交流意义重大，具有非常重要的战略地位，可以说是美国的航道咽喉。

海湾风景

　　阿拉斯加湾沿岸多峡湾和小海湾，如科克湾、威廉王子湾、亚库塔特湾等。威廉王子湾风景尤为迷人，沿岸分布着美丽的冰川，海域内生活着鲸鱼、海豹、海豚等野生海洋动物。当地有豪华的游轮提供海湾观赏服务，让游客们能够尽享冰川风采。

丰富的油气资源

阿拉斯加湾内储存着丰富的自然资源，以煤炭和石油为主。海湾沿岸的阿拉斯加州也蕴藏着大量的石油和天然气资源。为了运输海上的石油资源，人们在阿拉斯加湾沿岸港口安克雷奇设置了石油管理中心，原油多经此港口转运。

石油污染事件

1989年3月24日，埃克森石油公司的瓦尔迪兹号油轮在阿拉斯加湾触礁搁浅后发生了溢油事故，导致大面积海湾被污染，当地海洋生态环境受到严重影响。

潮汐能 阿拉斯加湾内的科克湾主体浪潮高度通常可达到7.6米，潮汐有时一昼夜内涨落可达10米，蕴藏着巨大的潮汐能。

水温 阿拉斯加湾海域水温通常超过4℃，最高达12℃，最低温度可至0℃以下。

鲸鱼死亡事件 2015年，30多头大型鲸鱼在美国阿拉斯加湾西部海域死亡，轰动整个美国。诸多科学家对此展开了调查和研究，但死亡原因至今不明。

风光无限的海——爪哇海

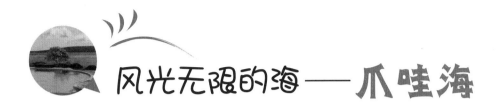

太平洋上有一片被岛屿环绕的海——爪哇海，虽然面积不大，但海域内物产丰饶，风光无限。此外，它还是重要的航运要道。

环海岛屿

爪哇海海域四周有爪哇岛、苏拉威西岛、加里曼丹岛、苏门答腊岛4个大岛和众多小岛。加里曼丹岛金刚石储量居亚洲之首；苏门答腊岛多火山，盛产石油和煤；爪哇岛是印度尼西亚的政治、经济、文化中心，多火山，地震频繁；苏拉威西岛的望加锡是印度尼西亚东部最大的港口、贸易中心，也是亚洲和大洋洲之间的交通枢纽。

美丽珊瑚礁

爪哇海位于赤道附近，海域内海水温暖，营养物质充足，是珊瑚虫繁殖的绝佳场所，因此形成了一座座美丽多彩的珊瑚礁。珊瑚礁不仅点缀了海底，还为海洋生物们提供了生存场所。这里生活着艳丽多姿的热带鱼类、晶莹剔透的小虾、美丽轻盈的浮游动物，像一个热闹的展览馆。

回澜·拾贝

石油资源 爪哇海南部海底是爪哇岛油田的延伸部分，蕴藏着大量石油资源。

爪哇海战役 第二次世界大战期间日军为占领东印度而进行的一场海上战役。在此战役中，荷兰、美国、英国和澳大利亚舰只组成的盟军舰队几乎被日军全部歼灭。

海上交通枢纽 爪哇海通过望加锡海峡连接苏拉威西海，可达太平洋，经卡里马塔海峡可到南海，经巽他海峡连接印度洋，具有重要的交通意义。

险滩密布的海——阿拉弗拉海

阿拉弗拉海位于太平洋西部，是一片浅海，面积约为 65 万平方千米。船只在这片海域航行时需要时刻保持警惕，因为海域内分布着很多珊瑚礁和浅滩，非常不利于航行。

险滩密布的海

阿拉弗拉海大部分位于大陆架上，其水温与盐度适宜珊瑚虫和贝类生长繁殖，因此海域内珊瑚礁众多。阿拉弗拉海南部海岸附近浅滩海水深度浅于 50 米，滩内多珊瑚礁，海域北部有大量暗礁和浅滩，给船只通行造成了很大不便。虽然阿拉弗拉海险滩密布，但是对儒艮等海洋动物毫无影响，它们喜欢在浅滩和暗礁间游来游去，与小鱼玩耍。

海域的浅水湾

阿拉弗拉海在澳大利亚东北部形成了一个长方形的海湾，人们称之为"卡奔塔利亚湾"。海湾内盛产对虾、贝类、鱼类等海产，南部沿岸分布着茂密的红树林泥滩，东南海岸还拥有诺曼顿、伯克顿两个著名海港。20 世纪以来，人类在海湾内勘探到铝、锰等矿产并大力开发，使小小的海湾成为国际知名的资源产地。

回澜·拾贝

托雷斯海峡 连接阿拉弗拉海与珊瑚海的托雷斯海峡内分布着诸多暗礁，是有名的危险航道。
阿鲁群岛 位于阿拉弗拉海北部，南北长195千米，东西最宽90千米，总面积约为8400平方千米，包括大小岛屿百余个。阿鲁群岛沿岸水质清洁，盛产珍珠贝且产量稳定。

海洋之界——塔斯曼海

　　塔斯曼海是西南太平洋的边缘海，海域宽约 2250 千米，面积约为 230 万平方千米，是重要的海洋之界。沿岸的悉尼港是一座著名的国际港口。

海洋的分隔之海

　　塔斯曼海被澳大利亚和新西兰环绕，与珊瑚海相邻，经巴斯海峡与印度洋相通，经科克海峡与太平洋相通，是太平洋、珊瑚海、印度洋的分隔之海。海上有连通新西兰、澳大利亚东南部和塔斯马尼亚岛以及各大海洋的航线，交通地位极为重要。

回澜·拾贝

　　命名　塔斯曼海以 1642 年航行至这片海域的荷兰航海家阿培尔·塔斯曼的名字命名。

　　海产资源　塔斯曼海的海产以鱼类为主，常见经济鱼类包括鲔、鲱、旗鱼、飞鱼等。

悉尼港

　　悉尼港又称"杰克逊港"，是塔斯曼海沿岸的著名港口，是繁华的游客集散点。悉尼港的环形码头、悉尼歌剧院、悉尼港湾大桥是国际闻名的观光胜地。

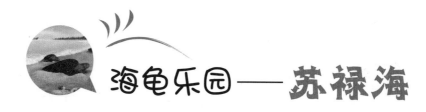

海龟乐园——苏禄海

苏禄海是有名的"海龟乐园"，在这里的海滩上，人们经常可以见到懒洋洋的海龟。来自世界各地的很多游客喜欢到这里游览，如果运气好，游客们还可以与海龟合影呢。

众岛环绕

苏禄海是太平洋西部海域，被菲律宾西南诸岛、苏禄群岛等岛屿环绕，海域南北延伸约790千米，东西宽约604千米，平均深度约为1570米，东南部最深处可达5600米。

海龟繁殖场所

苏禄海位于低纬度地区，属热带季风气候，气温较高，沿岸水域较浅，海滩沙质松软，是海龟繁殖的乐园。每年海龟繁殖期都会有大量海龟来到苏禄海沿岸沙滩产卵繁殖，海龟和龟蛋也成为当地特色资源之一。

回澜·拾贝

怡朗 苏禄海沿岸的一个主要港口，港内设备完善，海水较深，是菲律宾的主要贸易中心之一。当地所产的土布在世界上较闻名。

地质特征 苏禄海处于太平洋西部的岛弧带上，地壳不稳定，是火山、地震频发地带。

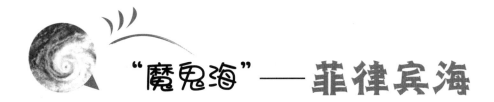

"魔鬼海"——菲律宾海

菲律宾海是一片孤立的深海区。这里不仅有黑暗幽深的海底深渊，还经常发生一些无法用科学解释的空难和海难，因而也被人们称为"魔鬼海"。

海域特点

菲律宾海是西太平洋的边缘海，被东海、南海和西太平洋以及两大岛弧环绕。在这片海域里，分布着一些著名的海沟，如马里亚纳海沟、菲律宾海沟等，其中菲律宾海沟是世界第二大深渊，最深处达10497米。此外，菲律宾海水较温暖，是热带气旋的生成地，形成了很多台风。

菲律宾海上的台风

福尔摩沙三角

福尔摩沙三角是位于西太平洋北回归线附近的一片容易发生空难与海难的三角形区域。这片海域海风猛烈，经常发生雷电和大雾，一些巨轮在这片海面神秘失踪，人们将这片海域看作"魔鬼海域"。

回澜·拾贝

海底结构 菲律宾海被两大岛弧包围，海底是一系列断层和褶皱形成的盆地，突出海面的部分形成海盆的边界。

菲律宾海海战 第二次世界大战期间，美国和日本在菲律宾海海域展开了一场规模空前的航母对决。美国大获全胜，占领了马里亚纳群岛。

冰山部落——罗斯海

太平洋南部海域深入南极洲处，形成了一个巨大的海湾，人们称之为"罗斯海"。这片海域气候寒冷，大部分海区被厚厚的海冰覆盖，海域内还浮游着一座座冰山，看起来就像冰山部落。

浮冰之海

罗斯海深入南极洲，表层海水温度一般在0℃以下，海面上通常循环"游动"着块状浮冰，海域内分布着众多冰山。罗斯海海水营养充足，浮游生物资源丰富，是鱼类等海洋生物生长和繁殖的乐园，也是阿黛利企鹅和帝企鹅的重要栖息场所。

罗斯冰架

罗斯冰架位于罗斯海南部，远远看去就像一个巨大的三角形，几乎填满了整个海湾。冰架宽约800千米，向内陆深入约970千米，其冰层厚度为185~760米，经常有大块的冰从冰架脱离形成冰山。

回澜·拾贝

罗斯船长　1841年，英国詹姆斯·克拉克·罗斯船长率领皇家海军探险队到达罗斯海，并给该海域命名。

雪龙号的新据点　2015年，在中国的第31次南极科学考察过程中，科考队员在罗斯海海域发现了一个新的锚地，可以供中国的极地科考船雪龙号停驻，成为雪龙号在南极海域的新据点。

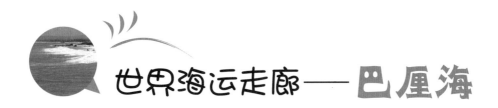

世界海运走廊——巴厘海

巴厘海位于赤道附近，虽然面积不大，但交通意义非常重大。海域内还分布着世界著名的旅游胜地——巴厘岛。

巴厘岛

巴厘岛位于巴厘海南部，是世界著名的旅游岛。整座岛屿地势东高西低，岛上山脉纵横。海岛岸边沙滩开阔柔软，海水清澈见底，沙努尔、努沙—杜尔和库达等处的海滩是著名的海滨浴场。当地大部分居民信奉印度教，修建了诸多壮观美丽的庙宇。

回澜·拾贝

巴厘岛别称 巴厘岛风情万种，也被人们赋予"罗曼斯岛""绮丽之岛""天堂之岛""花之岛"等美称。

气候特征 巴厘海属热带季风气候，常年高温、多雨、潮湿。

太平洋最西端海域——泰国湾

泰国湾是太平洋的边缘海，宽500～560千米，长约725千米，平均水深为45.5米，最大水深为86米。海水中含有丰富的营养盐类，海洋浮游生物资源充足，盛产羽鳃鲐、小沙丁鱼等。

海湾简介

泰国湾位于中南半岛和马来半岛之间，是太平洋最西端海域。从地图上看，海湾与南海主海构成一个小写的"y"字形。海湾内散布着珊瑚礁和红树林，环境宜人，生物资源丰富。在泰国湾沿岸，分布着泰国、柬埔寨、越南等东南亚国家。

海湾特产

小沙丁鱼是一种暖水性鱼类，是泰国湾的特产之一。这种鱼身体细长，通体为银色，喜欢集群，经常沿着海岸洄游。小沙丁鱼生长快，繁殖旺盛，是当地重要的经济鱼类。其肉质鲜美，营养价值高，可以直接食用，也可以晒干、腌制或熏制，很多人把它们当作佐餐佳品。

回澜·拾贝

航运要冲 泰国湾是泰国、柬埔寨通往太平洋和印度洋的海运要道。历史上，法国曾封锁泰国湾，迫使泰国向其屈服，从而获取利益。

气候类型 泰国湾大部分海域属热带季风气候。海湾内每年11月至次年3月气候干燥，降水稀少，为干季；4月到10月为雨季，降水丰沛。

平静优雅的胜地——地中海

　　地中海位于大陆的环抱之中，气候温暖，环境迷人，是一片美丽优雅的海域，拥有很多著名的旅游景点。不仅如此，这片海域资源丰富多样，是一片富饶之海。

美丽富饶之海

　　地中海因位于亚、欧、非三大洲之间而著名。地中海海水清澈湛蓝，海滩洁净宽阔，阳光充足，是游客享受日光浴的绝佳场所。海域沿岸的城市与碧蓝的海和天交相辉映，更让这片海域美若仙境。

　　该海域属于地中海气候类型，夏天炎热干燥，冬天温暖湿润，适宜橄榄树等树木生长，沿岸地区油橄榄产量丰富。此外，海域内还盛产柑橘、无花果和葡萄等水果。

西西里岛

西西里岛是地中海最大的岛，岛内地形以山地和丘陵为主，沿海地区分布着开阔的平原。该海岛上有大量的火山，如埃特纳火山、斯特朗博利火山等。西西里岛盛产柑橘、柠檬等亚热带水果，西海岸渔业发达，岛上还有硫黄等矿藏和盐场。20 世纪 50 年代，人们在西西里岛发现石油和天然气，让海岛更加受到人们重视。

埃特纳火山

埃特纳火山高约 3323 米，是西西里岛最高的山，也是欧洲最大、最活跃的火山。

撒丁岛

撒丁岛曾称"萨丁尼亚"，坐落于地中海中部，是一个庞大孤立的岛屿。岛上美丽宁静，到处盛开着漂亮别致的花朵，非常迷人。撒丁岛拥有独特的意大利文化，是理想的度假地，很多明星在岛上建造了私人豪宅。

回澜·拾贝

法老古城　根据古希腊的史诗记录及神话传说，地中海海域曾有一座规模庞大的埃及"法老城"，但是在数千年前神秘消失。人们认为它沉入了地中海。

地中海风格　人们在地中海风情的启发下，将以"蔚蓝色的浪漫情怀，海天一色、艳阳高照的纯美自然"为核心的家居装修风格称为"地中海风格"。

地中海的心脏　马耳他岛位于地中海中部，大致将地中海分为东、西两部分，因此人们将马耳他岛称作"地中海的心脏"。

颜色最深的内陆海——黑海

在欧亚大陆之间，有一片黑色的海洋，古希腊的航海家们将其称为"黑海"。黑海是世界上海水颜色最深的海，其海水具有一定的毒性，分为上、下两层，非常神奇。

最大的内陆海

黑海是位于欧洲东南部和亚洲小亚细亚半岛之间的内陆海，海域呈椭圆形，西部通过博斯普鲁斯海峡、马尔马拉海、达达尼尔海峡与地中海相通。整个海域东西最长 1150 千米，面积约为 42.4 万平方千米，是世界上最大的内陆海。

缺氧又有毒的海

黑海是一个缺氧的海，在 220 米水深下几乎没有氧气存在。在缺氧条件下，有机质经过特种细菌的作用，将海水中的硫酸盐分解形成有毒的硫化氢等，使这片海域成为毒海。因此，几乎没有生物在黑海深海区和海底生存。黑色的硫化氢使深层海水呈现黑色，因此黑海才成为颜色最深的内陆海。

双层海

黑海是地球上唯一的双层海。黑海本身的盐度较高，然而从河流和地中海流入黑海的水盐度较低，因此较轻，会浮在盐度高的海水上，于是形成了独特的双层海水。两层水的交界处位于100米到150米深处。别看双层水都位于同一海域，但是深层水和浅层水之间很难相互交流。据估计，两层水彻底完成交流需要上千年之久。

回澜·拾贝

  战略地位 黑海是连接东欧内陆的主要海路，也是中亚、高加索地区出地中海的必经通道，战略地位非常重要。

  普京黑海探宝 2015年，为纪念俄罗斯地理学会成立170周年，俄罗斯总统普京乘坐豪华潜艇潜入黑海，进行了一次深海探宝之旅。

  古老沉船 俄罗斯潜水员曾在黑海海域找到拜占庭时期的古船残骸。船只残骸巨大，有望成为目前已知的最大考古发现。

最淡的海 —— 波罗的海

波罗的海位于欧洲东北部，海域内分布着很多重要的海湾与海峡。该海域含盐度低，以"世界上最淡的海"著称，海域内的琥珀是著名的珍宝。

最淡的海

波罗的海长 1600 多千米，平均宽度为 190 千米，面积约为 42 万平方千米，海水盐度只有 0.7% ~0.8%，是地球上最淡的海。这与它的形成密切相关。

在冰河时期，北极的冰川融化，冰水淹没了北半球的很多区域。后来，较高陆地上的冰水退去，而留在低洼谷底处的冰水则形成了大海。波罗的海就是其中之一。同时，波罗的海处于低温的高纬度区，海水蒸发微弱，盐度不容易升高，而且波罗的海海域降水丰沛，入海河流众多，淡水注入量充足。在这些因素的综合作用下，波罗的海自然成为最淡的海。

重要的航道

波罗的海在古代就是北欧地区的重要商业航道，是北海与北大西洋的水上通道，也成为俄罗斯与欧洲贸易的重要枢纽。此外，波罗的海还是俄罗斯与伊朗、印度等国计划开辟的连通印度洋和西欧的海上通道的北部终点。波罗的海沿岸分布有圣彼得堡、赫尔辛基、斯德哥尔摩、哥本哈根、罗斯托克、格但斯克等港口。

圣彼得堡风景

海琥珀

波罗的海海域内盛产晶莹剔透的琥珀，产量约占世界琥珀总产量的90%。在欧洲有一条"琥珀之路"，从波罗的海出发，经易北河向南，再沿多瑙河向上，通往欧洲的国家，在罗马与丝绸之路相连后，还可以连通中国。

琥珀矿石

回澜·拾贝

浅海　波罗的海是个浅海，深度一般为70~100米，平均深度为55米，最大深度仅为459米。

海湾与海峡　波罗的海西部的斯卡格拉克海峡是连接北海的通道，稍东的卡特加特海峡是丹麦和瑞典的分隔海峡。北部的波的尼亚湾岸边森林密布，东部的芬兰湾沿岸分布着诸多军事基地，具有重要的战略意义。

圣彼得堡　波罗的海的重要海港之一，也是俄罗斯西北地区的中心城市。城市内工业发达，科技先进，被称为"俄罗斯最西方化的城市"。

世界上最小的海——马尔马拉海

马尔马拉海是世界上最小的海。海域连通黑海、地中海，是沟通欧洲、亚洲、非洲的重要海域，也是大西洋、印度洋、太平洋之间的便捷航路，地理位置极为重要。

大理石之海

在希腊语中，马尔马拉海意为"大理石之海"，因为这片海域内的岛屿上盛产大理石。马尔马拉海面积约为 1.1 万平方千米，是世界上最小的海。虽然面积不大，但马尔马拉海有很多别致之处。它是欧、亚两洲的天然分界线，海域内还有两个重要的海峡。东北的博斯普鲁斯海峡连通黑海，西南的达达尼尔海峡是"黑海—地中海—大西洋"航线的必经之地。

海中的群岛

马尔马拉海中有克孜勒群岛、马尔马拉群岛两个群岛，岛上经常发生地震。克孜勒群岛坐落于马尔马拉海东北，接近伊斯坦布尔，当地旅游业繁荣；马尔马拉群岛分布在马尔马拉海西南，岛上盛产大理石、花岗岩、石板，沿岸工农业发达。

沿岸小镇

马尔马拉海沿岸的加利波利镇是一座特色鲜明的北方小镇。远远看去，小镇里耸立着高高的白塔，每座房屋都有浓厚的北欧风味。靠近小镇，你会发现每座房屋样式古朴，色调阴暗，房屋的门上有独特的红色阳台，窗子悬在墙外，充满了独特的异国风情。

博斯普鲁斯海峡大桥　位于马尔马拉海域内的博斯普鲁斯海峡南端的最窄处，长1560米，宽33米，是欧洲第一大吊桥。

最清澈的海——马尾藻海

　　大西洋中有一片没有海岸的海——马尾藻海。这片海域水质清澈，被认为是世界上最清澈的海。海域内海藻繁茂，奇特的小鱼在其间游来游去，非常有趣。

没有海岸的海

　　马尾藻海位于北大西洋中部，面积为几百万平方千米。这片海域不像其他海域那样有明显的海陆分界，因此成为世界上唯一一个没有海岸的海。它的周围就是宽阔的大洋，整个海面上漂浮着大量的马尾藻，海域的名称也由此而来。

最清澈的海

　　马尾藻海是世界上公认的最清澈的海。它处于大洋中，远离江河河口，接受的外界污染较少，同时，海域内浮游生物很少，因此海水清澈湛蓝。据说，晴天的时候把照相机的底片放在马尾藻海的深海处，底片仍能感光。

马尾藻海周围海域风景

马尾藻鱼

马尾藻海中生活着众多鱼类,其中马尾藻鱼最为奇特。马尾藻鱼颜色与马尾藻一样,善于伪装,眼睛能变色。它们遇到敌人时能吞下大量的海水使体形壮大,令敌人不敢轻易挑衅。

哥伦布探险队与马尾藻海

1492 年,在大西洋上航行的哥伦布探险队发现大洋远处有绿色"草原",误以为是陆地,十分欣喜。靠近"草原",他们才发现那里是一片长满海藻的汪洋。哥伦布根据航海经验判断,那是一片危险水域,于是亲自上阵指挥开辟航道。由于海藻的阻碍,探险队经过 3 个星期的拼搏才逃出这片可怕的"草原"。后来,哥伦布把这片绿色的海中草原叫作"萨加索海",意思是"海藻海"。

回澜·拾贝

变魔术的海　马尾藻海会"变魔术",郁郁葱葱的水草会突然消失和出现。

繁茂的藻类　马尾藻海内有生长旺盛的马尾藻,海面上铺了有几米厚。海藻迎着海风随浪起伏,呈现出有趣的海上草原风光。

奇特之海　马尾藻海的海平面比美国大西洋沿岸的海平面高出1米多,但这里的海水并不会流出去,其中的奥秘无人知晓。

跌落人间的仙境——加勒比海

加勒比海位于大西洋西部，大部分海区属于热带地区。这里海水碧蓝，阳光充足，风光无限，海域里还有多彩的珊瑚礁和美丽的珊瑚岛，看起来就像仙境般迷人。

游览胜地

加勒比海海水清澈温暖，含盐度较低，潮差小，非常适合造礁珊瑚生长繁殖。据统计，加勒比海区的珊瑚礁区约占世界总量的9%。这些珊瑚礁色彩鲜艳，与清澈的海水、金黄的沙滩、碧蓝的天空相映成趣，让加勒比海区仿佛人间仙境，吸引着来自世界各地的游客，带动了当地的经济发展。

海中群岛

加勒比海的北部和东部边缘的西印度群岛规模庞大，由1200多个岛屿和暗礁、环礁组成，绵延4700多千米，面积约为24万平方千米，是世界第二大群岛。海岛附近阳光充足，海水澄清，水里珊瑚多姿多彩，沿岸沙滩宽阔，海岸上热带植物繁茂，使该群岛成为旅游观光的优良场所。

沿岸一角

哥斯达黎加是加勒比海沿岸的国家，北邻尼加拉瓜，南接巴拿马，位于中美洲和南美洲的文化交汇处，旅游业繁荣，伊拉苏、波阿斯火山和西班牙殖民文化遗址等是世界闻名的旅游胜地。

加勒比海盗

加勒比海区域内岛屿众多，利于海盗隐蔽和展开攻击。16世纪，加勒比海海盗发展壮大，一些海盗甚至由国王授权，攻击西班牙运送珠宝的舰队。17世纪，海盗活动更加猖獗，不仅攻击来往的商队，甚至也攻击皇家舰队，成为加勒比海域航行的主要威胁。

回澜·拾贝

命名 加勒比海的名称来自小安的列斯群岛上的土著居民加勒比人。

主要港口 加勒比海的主要港口有加拉加斯、科隆、金斯敦和威廉斯塔德等。

最深的陆间海 加勒比海是世界上深度最大的陆间海，平均水深为2491米，在古巴和牙买加之间的开曼海沟处深度达7680米。

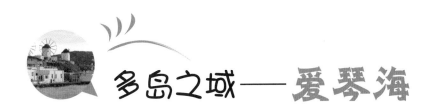

多岛之域——爱琴海

　　爱琴海是地中海东部的一个大海湾，长610千米，宽300千米，海域内分布着诸多岛屿。爱琴海风光独特，有迷人的沙滩、明媚的阳光和秀丽的岛屿，因此成为世界著名的观光胜地。不仅如此，这片海域还具有重要的航运和战略地位。

多岛之域

　　爱琴海海域内岛屿星罗棋布，共有大小岛屿约2500个，主要包括色雷斯海群岛、爱琴群岛、斯波拉提群岛、基克拉泽斯群岛、萨罗尼克群岛、多德卡尼斯群岛及克里特岛。海域内的岛屿大多处于地壳不稳定区，许多岛为火山岛，大理石和铁矿资源丰富。

战略要冲

　　爱琴海是地中海的一部分，位于希腊半岛和小亚细亚半岛之间，东北经过达达尼尔海峡、马尔马拉海、博斯普鲁斯海峡连通黑海，南连地中海，西邻希腊，东接土耳其。得天独厚的地理位置让爱琴海成为黑海沿岸国家通往地中海及大西洋、印度洋的重要航道，具有重要的航运和战略地位。

米克诺斯岛

　　米克诺斯岛是希腊南部基克拉泽群岛中的一座岛屿，以风车闻名于世。米克诺斯岛上居民很少，清新幽静，干净开阔的沙滩是人们晒日光浴的好去处，岛屿附近清澈碧蓝的海域更成为人们游泳冲浪的乐园。不仅如此，在海岛上独具特色的餐厅里，人们可以在享受美食的同时观赏美丽的日落。

葡萄酒色之海

　　爱琴海不但是多岛海，而且是美妙的葡萄酒色之海。春夏二季，在阳光照射下，爱琴海的海水清澈透明，泛着灿灿的金色；到夕阳落下的时候，海水会变为绛紫色，仿佛诱人的葡萄酒，映照着海岸的秀丽景观，让人心旷神怡。

　　克里特岛　　位于爱琴海南部，面积约为8300平方千米，是该海中最大的一个岛。

　　爱琴那岛　　距离雅典最近的一个岛屿，岛上的阿菲亚神庙是希腊古典时代的代表建筑。

雾雪弥漫的海湾——哈得孙湾

　　加拿大中部地区有一个近乎封闭的海湾，这里气候寒冷，经常雪花纷飞，浓雾弥漫。这个海湾就是哈得孙湾。哈得孙湾水域开阔，海湾内生活着丰富多样的海洋生物，沿岸分布着风情万种的古城和贸易往来的重要港口。

雾雪之海

　　哈得孙湾位于高纬度地区，气候寒冷；又因被大陆环抱，具有严峻的大陆性气候。海域内夏季最高温为 26.7℃，冬季最低温为 –51℃，年平均温度约为 –12.6℃。这里降水稀少，主要集中在夏季，夏季降水量约占年降水量的 1/3。冬季海域内经常雪花飞舞。不仅如此，哈得孙湾还是一个多雾的海湾。这里一年中大雾弥漫的天气有 300 日左右，12 月后还会经常出现风暴，不利于船只航行。

丰富的生物资源

哈得孙湾是亚北极地区的内陆浅海，海湾中生活着种类繁多的生物。海域中除鲽、鳕、鲑等鱼类外，还有海象、海豹、海豚、逆戟鲸及北极熊等大型哺乳动物，沿岸岛屿上生活着驯鹿、麝牛等食草动物及约200种鸟类。加拿大政府为了保护哈得孙湾的生态环境，将该海湾划为封闭海区。

丘吉尔港

哈得孙湾西岸的丘吉尔港是加拿大的重要港口之一，港口处有通往加拿大南部的铁路。该港是加拿大草原地区对外的货运出口，也是世界主要的小麦运输点。

回澜·拾贝

命名　1610年，英国航海家亨利·哈得孙在寻找通往亚洲的西北航道时发现该海湾，因此该海湾被称作"哈得孙湾"。

沿岸居民　哈得孙湾南部地区居民为印第安人，北部地区生活着因纽特人，他们以捕鱼狩猎为生。

魁北克古城　魁北克城是哈得孙湾东岸的魁北克省的首府，整座城市分为新城区、旧城区两个部分。新城区高楼林立，车水马龙，充满现代气息；旧城区分布着诸多18世纪的古老商铺，充满18世纪的法国风味。

古老文明的孕育者——墨西哥湾

　　墨西哥湾是北美洲大陆东南沿海水域，总面积约为155万平方千米，海岸线蜿蜒曲折，沿岸红树林郁郁葱葱。这里物产丰富，孕育了许多古老的文明。

古老的文明

　　四五千年前，墨西哥湾沿岸的农业发展迅速，古墨西哥人已经能够栽培玉米。很多古代文明应运而生，如奥尔梅克、阿兹特克和玛雅文明。随着这些古老的文明逐渐发展，人们建立了规模庞大的城市，组建了强大的军队，探索自然和宇宙，在天文、数学、农业、艺术及文字方面取得很高的成就。

丰饶的物产

　　墨西哥湾气候宜人，资源丰富，是诸多生物生长和繁殖的乐园。这里的海岸地带栖息着大量的水禽和滨鸟，如燕鸥、鲣鸟、鹈鹕等，海湾中生活着虾、红鲷、牡蛎和蟹等海洋动物。不仅如此，墨西哥湾浅海大陆架区还蕴藏着大量的石油和天然气，在很大程度上满足了该地区人们油气资源需求。

回澜·拾贝

　　奥尔梅克文明　已知的最古老的美洲文明，位于墨西哥中南部热带雨林中，约存在于公元前1200年到公元前400年。该文明创造的大型头部雕像举世闻名。

　　墨西哥湾漏油事件　2010年，英国石油公司在墨西哥湾的钻井平台爆炸，造成11名工作人员死亡。爆炸造成严重的原油泄漏，给墨西哥湾造成了空前的灾难。

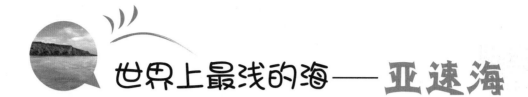

世界上最浅的海——亚速海

亚速海位于俄罗斯和乌克兰南部，被克里木半岛与黑海隔离，长约 340 千米，宽约 135 千米，面积约为 3.76 万平方千米。这片海域的平均深度只有 8 米，最深处仅有 14 米，是世界上最浅的海。

海产资源

亚速海海水浅，温度适宜，注入海内的河流挟带大量的营养物质，因而具有丰富的海产资源。海域里生活着 300 多种无脊椎动物以及约 80 种鱼类。丰饶的海产成为亚速海地区的重要经济资源，该海域的经济鱼类以沙丁鱼和鳀鱼产量最为可观，鲟、鲈、鲱、鲻、米诺鱼和鲫等也较为常见。

俄罗斯鲟

俄罗斯鲟是一种洄游性鱼类，主要栖息在里海、黑海、亚速海水域内。栖息在亚速海海域的俄罗斯鲟幼鱼生长速度快，在一年内体长就可以长到近 30 厘米，两年就可以长到 46 厘米左右。这与亚速海良好的海洋环境是密切相关的。

回澜·拾贝

沿岸国家 亚速海属陆间海，在北、东两面分别与乌克兰、俄罗斯相邻。

主要港口 亚速海虽然很浅，但是货运量和客运量都很大，主要港口有塔甘罗格、马里乌波尔、叶伊斯克和别尔江斯克。

最大海湾 塔甘罗格湾位于亚速海东北部，面积约为5600平方千米，是亚速海最大的海湾，海湾内部分区域水深甚至不足1米。

商旅要道——安达曼海

  安达曼海是印度洋东北部的边缘海，位于亚洲中南半岛、安达曼群岛、尼科巴群岛和苏门答腊岛之间，连通南海、孟加拉湾和印度洋，是马六甲海峡的西北出口，沿岸有诸多重要港口，交通地位极为重要。

商旅要道

  安达曼海自古以来就有商船过往。从公元 8 世纪起，印度、斯里兰卡和马达班等海港之间的贸易就开始繁荣发展，使安达曼海成为重要的海上通道。安达曼海还曾是中国通往印度的早期沿海贸易航线的一部分。目前，安达曼海依然是举足轻重的国际石油航线。值得一提的是，安达曼海海域沿岸分布着诸多现代化的大型港口城市，如著名的槟城、仰光等。

槟 城

槟城位于马六甲海峡北口，是安达曼海沿岸马来西亚的重要港口，以槟榔树命名，有"印度洋绿宝石"的美称。槟城不仅有美丽的海滩和碧绿的原野，还有众多造型古朴的建筑，光大中心是当地著名的地标。

光大中心

光大中心是槟城著名的建筑物，楼高65层，综合政府部门、商业办公室、百货公司等于一体，是休闲娱乐的优良场所。

普吉岛

安达曼海内的普吉岛是泰国最大的海岛。当地自然风光迷人，工商业和旅游业十分发达，被人们看作"安达曼海上的一颗明珠"。除了繁荣的旅游业，普吉岛还有着丰富的自然资源，盛产橡胶、海产和多种水果，有"珍宝岛""金银岛"的美称。

回澜·拾贝

安达曼群岛 孟加拉湾与安达曼海之间的岛群，共有岛屿200多个，安达曼海以之命名。

沿岸主要农产品 安达曼海沿岸的农产品主要有稻米、豆类、烟草、洋麻、香蕉、椰子和槟榔等。

最咸的海——红海

红海位于阿拉伯半岛和非洲大陆之间，总面积约为 43.8 万平方千米，长约 2250 千米，最宽处约为 355 千米。红海的盐度在世界诸多海洋里居首位，因此成为最咸的海。这片海域海底资源丰富，沿岸风光秀丽，有独具特色的港口和魅力无限的景区。

为什么这么咸？

红海的盐度为 3.6%~3.8%，是世界上盐度最高的海。这与它所处的地理位置和海底的地形有着密切的关系。

红海位于热带和亚热带地区，海水的年蒸发量大于海域内的年降水量。印度洋的高盐度海水源源不断地流入这片海区，补充了红海的蒸发水量，使红海不被晒干，同时也增加了红海的海水盐度。此外，地壳深处的盐分也会随着海水进入红海内，进一步增加了红海的盐度。

美丽的红海

红海是旅游观光的优良海域。海域两岸分布着连绵不绝的红黄色岩壁，海岸上有金色的沙滩，海水中有多姿多彩的海中溶洞、颜色绚丽的珊瑚以及各种各样的海洋生物。除了风光无限的自然景观，红海沿岸的沙姆沙伊赫、赫尔格拉、阿里什、泽哈卜等城市也以独特的风土人情吸引着世界各地的游客。

扩张的红海

红海海底分布着非洲板块与印度洋板块间的裂谷，有很多海底火山。20世纪，北美的阿尔杜卡巴火山喷发后，人们测量到红海两侧的阿拉伯半岛与非洲大陆之间的距离增加了约1米，也就是说，这次火山喷发让红海扩张了约1米。科学家称，红海两岸以平均每年2.2厘米的速度不断向外扩张，这可能让红海成为新的大洋。

回澜·拾贝

苏伊士运河 通航于1869年，贯通苏伊士地峡，是红海与地中海相互连通的重要水上通道，也是世界上使用最频繁的航线之一。

矿藏资源 红海深海槽底部的淤泥中有5种主要的矿藏资源，包括石油沉积、蒸发沉积物、硫黄、磷酸盐及重金属沉积物。

三大洲航运通道——阿拉伯海

阿拉伯海为印度洋的一部分，连通波斯湾及红海，是亚、欧、非三大洲的航运要道，沿海分布着诸多重要的港口，景色优美。中国在该海域沿岸建立了出海口，进一步推动中国的经济发展和扩大国际影响力。

航运要道

阿拉伯海是印度洋西北部水域，位于阿拉伯半岛与印度半岛之间，为沿岸的印度、伊朗、巴基斯坦等国家的相互沟通作出了巨大贡献。独特的地理位置还让这片海域成为联系亚、欧、非三大洲的世界性交通要道。随着海域沿岸国家的发展，阿拉伯海边缘建立起了迪拜帆船酒店、亚特兰蒂斯酒店等世界闻名的建筑，更让阿拉伯海名声大震。

阿曼湾

阿曼湾是阿拉伯海西北部的海湾，位于阿曼与伊朗之间，长约560千米，宽约320千米，沟通波斯湾，且是阿拉伯海和印度洋进入波斯湾的唯一入口。阿曼湾是波斯湾沿岸石油产区的主要运输航道，具有重要的交通地位。

美丽的港口

孟买是阿拉伯海沿岸的天然深水良港，是印度最大的海港。该港有着巨大的货物吞吐量，承担着印度超过一半的客运量，是重要的贸易中心。孟买是印度的商业和娱乐业之都，拥有重要的金融机构和著名的宝莱坞影视行业，还拥有贾特拉帕蒂·希瓦吉终点站和象岛石窟等世界文化遗产。

瓜达尔深水港

瓜达尔深水港是巴基斯坦通往波斯湾和阿拉伯海的大门，战略位置重要。2015年，巴基斯坦向中国出租瓜达尔港，租期为43年。瓜达尔港不但为中国的石油运输带来便利，而且使中国在阿拉伯海沿岸占据了一处战略要地。

回澜·拾贝

沿海国家　阿拉伯海沿岸国家包括印度、伊朗、巴基斯坦、阿曼、也门和索马里。
鱼类资源　阿拉伯海中鱼类资源丰富，主要有金枪鱼、沙丁鱼、长吻鱼、刺鲅和鲨鱼等。
中巴联合军演　2005年，中国海军舰艇编队访问巴基斯坦，与巴基斯坦海军在阿拉伯海北部首次进行了以联合搜救为主要内容的海军联合演习。

最大的海湾——孟加拉湾

孟加拉湾属于印度洋北部的一个海湾，是世界上最大的海湾，也是热带风暴的孕育地。孟加拉湾自然资源丰富，沿岸贸易发达，海域内分布着连通多个大洲的航线。

世界上最大的海湾

孟加拉湾处于印度洋北部，西临印度半岛，东临中南半岛，北临缅甸和孟加拉国，南与印度洋相交，经马六甲海峡与泰国湾和中国南海相连。孟加拉湾长约1609千米，宽约1600千米，总面积约为217万平方千米，是世界上最大的海湾。

热带风暴孕育地

孟加拉湾位于赤道地区，是典型的热带海域。这里海域宽阔，水温较高，有利于热带风暴的形成。据统计，当地每年4月到10月都会产生强烈的风暴，并且通常伴随龙卷风和强降水，给孟加拉及印度东部海岸造成巨大损害。风暴如果发生在月圆时，月球的引力作用会加大风暴猛烈程度，可能会引起风暴潮。

发达的航运

孟加拉湾的地理位置非常优越，东经马六甲海峡可进入太平洋，西绕好望角可达大西洋，西北沿红海、苏伊士运河可到地中海，是沟通亚洲、非洲、欧洲和大洋洲的交通要道。海域内分布着亚欧航线和南亚、东南亚、南非、大洋洲之间的诸多重要航线。

生物资源

孟加拉湾海水温度为 25℃~27℃，海水里含有充足的营养物质，为浮游生物的繁殖提供了物质基础，使海湾成为鱼类生长繁殖的乐园。孟加拉湾的渔业资源主要包括虾类、贝类和鲨鱼、鲳鱼等上百种鱼类。除了渔业资源，海湾沿岸还分布着种类多样的热带植物，如恒河口沿岸的红树林等。

沿岸国家 孟加拉湾沿岸主要有印度、孟加拉国、缅甸、泰国、斯里兰卡、马来西亚和印度尼西亚等国家。

特大风暴 1970年，孟加拉湾形成的一次特大风暴袭击了孟加拉国，造成上百万的人员伤亡以及巨大的财产损失。

金奈 坐落于孟加拉湾的岸边，是南印度的交通枢纽、印度第四大商业城市和最大的人工港，也是印度南部最大的贸易中心。

世界石油宝库——波斯湾

波斯湾是阿拉伯海西北部伸入亚洲大陆形成的一个海湾，蕴藏着丰富的石油和天然气资源。油气资源带动了海湾沿岸国家的经济发展，很多国家因此成为世界有名的富庶国家。

石油宝库

波斯湾地区是世界上最大的石油资源宝库，石油储量约占世界石油储藏量的53%~58%，油田分布集中且多为储量达3.5亿吨以上的超级大油田。海湾的石油产量约占世界石油总产量的1/3，石油输出量约占世界石油总出口量的60%。海湾东侧的霍尔木兹海峡是重要的石油运输通道，被誉为"世界油阀"。海湾沿岸的伊朗、伊拉克、科威特、沙特阿拉伯等国因石油带来的巨大经济利益而跻身世界富国行列。

波斯湾上的珍珠

巴林王国是波斯湾地区的一个岛国，由 36 个小岛组成，就像散落在碧海上的璀璨珍珠。巴林王国石油产业发达，素有"石油之国"的美誉。随着经济的腾飞，巴林大力发展金融、旅游业，成为国际上享有盛誉的国家。巴林王国的法赫德国王大桥规模宏大，闻名世界。

炎热的海区

波斯湾地区降水稀少，日照强烈，沿岸多为干旱荒漠，是世界上最热的海区之一。高温、干燥的环境使海区的蒸发量很大，年蒸发量达 2000 毫米以上，大幅超过年降水量和河流注入量总和。

波斯湾沿岸的荒漠景观

回澜·拾贝

波斯湾战争　1990年，伊拉克与科威特两国围绕领土纠纷和债务等问题的争端激化。伊拉克向科威特发动袭击，并迅速占领科威特全境，引发国际社会关注的"波斯湾危机"。

海盗巷——亚丁湾

　　亚丁湾是也门和索马里之间的一片海湾，属于阿拉伯海的一部分。它是多个海域、地区相互沟通的必经水域，也是控制波斯湾部分石油运输的重要航道。这片海湾内海盗活动猖獗，因此也被人们称作"海盗巷"。

战略地位

　　亚丁湾海域位于印度洋西角，与红海、苏伊士运河构成连接欧亚的"黄金水道"，是波斯湾石油输往欧洲和北美洲的重要水路，具有重要的战略地位。亚丁湾沿岸分布的亚丁港、吉布提港等港口是印度洋通向地中海、大西洋航线的重要交通枢纽。

海盗猖獗

　　1991 年以来，索马里海盗势力不断壮大，人数达千人以上，频繁对途经亚丁湾、索马里海域的船舶进行袭击或劫持，严重威胁到国际航运和海上安全。近年来，包括中国在内的诸多国家在索马里海域持续打击海盗，开展护航行动，猖獗一时的索马里海盗日渐式微。

回澜·拾贝

　　亚丁港　　亚丁湾西北岸的亚丁港是也门最大的海港，有"世界第二大加油港"之称，主要从事转口贸易。

　　亚丁湾护航　　从2008年年底开始，中国海军护航编队在亚丁湾索马里海盗频发海域执行护航行动，保护在亚丁湾附近海域航行的中国船舶及人员安全，同时保护世界组织运送人道主义物资船舶的安全。

风高浪急的海湾—— 南澳大利亚湾

印度洋在澳大利亚大陆南部地区形成了一个巨大的海湾，人们称其为"南澳大利亚湾"。南澳大利亚湾长约1159千米，宽约350千米，面积约为48.4万平方千米，平均水深为950米，最大水深达5600米，海岸线平直，有连绵不断的石灰岩悬崖。海湾内经常发生风暴，非常不利于船只航行。

沿岸风景

南澳大利亚湾沿岸多悬崖，岸上平坦又荒凉，著名的纳拉伯平原就分布在海湾沿岸。纳拉伯平原气候干燥，年降水量仅有200毫米左右，最高气温可达49℃。纳拉伯平原虽然植物稀少，人迹罕至，但是有一条从奥古斯塔港至珀斯的铁路从中穿过，境内还建造着火箭试验场。

回澜·拾贝

勒谢什群岛 南澳大利亚湾的一个群岛，地势低平，多沙土，生长着灌木丛。群岛中的最大岛是蒙德雷恩岛。

林肯港 南澳大利亚湾沿岸的著名港口，主要出口羊毛、小麦、鲨鱼肝油、冻羊肉，是游览胜地。

风浪之湾

南澳大利亚湾处于西风带控制区，冬季经常出现强劲的西北风，海面上风浪滔天，让船只难以航行，只有海湾南部沿岸的斯特里基湾风浪稍小，可供船只安全停泊。

全年通航的极地海——挪威海

挪威海是大西洋北部的一个陆缘海，因北部位于北极圈内，也通常被人们划为北冰洋的边缘海。挪威海地理位置优越，海水温暖，常年不结冰，是西北欧重要的海上通道。

全年通航的极地海

挪威海位于斯瓦尔巴群岛、冰岛和斯堪的纳维亚半岛之间，面积约为 138 万平方千米，平均深度为 1742 米，最大深度可达 4487 米，北连北冰洋，南接北海，西邻大西洋，是西北欧重要的海上航运通道。海域沿岸分布着特隆赫姆、纳尔维克等著名港口。这片海域在大西洋暖流的作用下，海区表层水温比格陵兰海和巴芬湾高，因而海面常年不结冰，全年能通航。

富饶的海产

挪威海海产丰富，是 200 多种鱼类、贝类的栖息地，该海域因此跻身世界最佳渔场之列。丰饶的海产也使挪威成为世界三大海产出口国之一。在小鱼、小虾的吸引下，鲸类偶尔也会来到挪威海域参观旅游。它们在浪花里跳跃游动，就像在进行精彩的表演。

海洋污染

2007 年，希腊的"运送者"号大型货轮夜经挪威海域，在卑尔根附近水域搁浅，导致货轮上约 270 吨燃油外泄，严重污染了挪威海域。这些燃油会污染海域内的自然环境，扰乱当地的生态系统。

回澜·拾贝

鳕鱼　鳕鱼是挪威海海域最著名的水产，主要捕获于挪威北部沿海，是烹饪的绝佳美味。

挪威海漩涡　挪威海西海岸附近水域有一个直径超过2000米的大型漩涡，这就是著名的挪威海漩涡。因为邻近莫斯科埃小岛，所以该漩涡也被称为"莫斯科埃大漩"。

特隆赫姆　挪威海西海岸中部的大型港口城市，于公元997年由挪威国王奥拉夫一世创建。城区内有中心广场、尼德罗斯大教堂、音乐史博物馆等著名景点。

北冰洋的"暖池"——巴伦支海

　　巴伦支海位于挪威与俄罗斯北方，是北冰洋的陆缘海之一，海域面积约为140万平方千米，平均深度为229米，最深处约为600米。巴伦支海的水温比周围北冰洋其他部分的水温都高，因而被誉为北冰洋的"暖池"。

暖池奥秘

　　巴伦支海北侧有斯瓦尔巴群岛和法兰士约瑟夫地群岛作为天然屏障，阻挡了北冰洋浮冰群的侵入；东侧的新地岛又使喀拉海的寒冰难以逾越，同时，强大的墨西哥湾暖流给巴伦支海送来大量温暖的海水。这些得天独厚的条件使巴伦支海的水温高于北冰洋其他部分的水温，成为北冰洋的"暖池"。

天然渔场

　　巴伦支海不仅有温暖的海水，还有宽阔的大陆架，水域中含有大量的营养盐类，是浮游生物生长繁殖的绝佳环境。海域内丰富的浮游生物为鱼类提供了充足的饵料，使巴伦支海聚集了种类丰富、数量可观的鱼类，成为俄罗斯的重要渔场之一。

艰险海域

巴伦支海在大西洋和北冰洋冷暖气旋的共同影响下，风大浪高，是世界上风暴最多的水域之一。不仅如此，巴伦支海属于典型的大陆架海，海底地形起伏较大，不规则，水团分布、水流流向也无规律可循。这些都会威胁到船只航行的安全。

俄罗斯的海上门户

巴伦支海虽然不利于船只航行，却是俄罗斯重要的海上门户。巴伦支海不仅是俄罗斯通向外界的重要航道，还是俄罗斯北方舰队活动的重要空间，在很大程度上影响着俄罗斯的交通运输和军事活动。

终年冰封的海——喀拉海

喀拉海是北冰洋的一部分，位于俄罗斯西伯利亚以北。海域内气候寒冷，海面几乎全年被冰层覆盖。

极圈内的海

喀拉海位于北极圈内，面积约为 88 万平方千米，平均深度约为 127 米，最深可达 620 米。该海域连通巴伦支海与拉普捷夫海，被新地岛、法兰士约瑟夫地群岛、北地群岛环绕，沿岸分布着运载木材、建材、毛皮等货物的重要港口。

喀拉海气候寒冷，冬季多暴风雪，海面完全封冻，夏季海面仍会遍布浮冰。这里虽然气候寒冷，但是鳕鱼、鲑鱼、海豹、白鲸、海象等海洋生物资源丰富，是俄罗斯的主要渔场之一。不仅如此，人们在海底大陆架上还勘探到储量丰富的油气资源。

回澜·拾贝

油气田 2014年，俄罗斯石油公司在北极地区勘探过程中，在喀拉海大陆架上发现了大型的油气田。这个油气田的石油储量甚至可以与墨西哥湾的媲美。

流入喀拉海的主要河流 有叶尼塞河、鄂毕河、皮亚西纳河和喀拉河。

无岛海——波弗特海

波弗特海是北冰洋的边缘海，因英国海军水文地理学家波弗特曾到这片海域考察而得名。波弗特海北部海域开阔且岛屿稀少，被人们称作"无岛海"。海区内气候寒冷，海面几乎全年冰封，不利于船只航行。

无岛之海

波弗特海位于美国阿拉斯加州北部和加拿大西北部沿岸以北至班克斯岛之间，面积约为 47.6 万平方千米，平均深度为 1004 米，最大深度可达 4683 米，北部海区开阔，仅马更些河三角洲上零星分布着一些沙洲和小岛。

通航情况

波弗特海气候严寒，海区几乎全年被冰覆盖，近岸处每年 8—9 月间化冻，出现狭窄的无冰海面，可供船只通航。

回澜·拾贝

亚历山大·马更些 1789年，英国探险家亚历山大·马更些沿马更些河到达波弗特海，成为第一个发现波弗特海的欧洲人。

自然资源 波弗特海近海大陆架蕴藏着丰富的石油、天然气资源，海水中有 70 多种浮游植物和80多种浮游动物，海底底栖动物达700多种。

 # 北冰洋的泄水通道——格陵兰海

格陵兰海是北冰洋和北大西洋交界处的一片海域，位于冰岛、格陵兰岛和斯匹茨卑尔根群岛之间，是北冰洋的主要泄水通道。格陵兰海地处北极，气候寒冷，但海域内生物资源丰富，当地还有专供观赏鲸鱼和海豚的游船。

冰 期

格陵兰海位于北纬 70° 以北，气候非常寒冷，南部平均气温为 –10℃，北部平均气温低至 –26℃。海域内冰期从 10 月持续至翌年 8 月。冰层消融时产生大量浮冰，与来自北冰洋的浮冰经丹麦海峡共同进入大西洋。

泄水通道

格陵兰海是北冰洋的主要泄水通道，也是北极海区海水进入大西洋的主要渠道。北冰洋有超过一半的水每年由东格陵兰和拉布拉多两股寒流带入大西洋。

生物资源

　　格陵兰海中有鳕鱼、鲱鱼、鲑鱼、大比目鱼等多种鱼类及海豹、鲸、海豚等哺乳动物，沿海水域有海鸥和野鸭，海岸生长着苔藓、地衣及灌木丛，沿岸岛屿和陆地上有鹿、麝牛等食草动物。

　　格陵兰海海域偶尔还会有格陵兰鲨出没。这种鲨鱼体长可超过6米，属于大型鲨鱼。它们主要捕食鱼类，也会攻击海边的北极熊、驯鹿等海洋哺乳动物。它们的肉中含有毒素，不宜食用。海域沿岸的因纽特人经常猎杀这种鲨鱼，用鱼肝油制作灯油，将锋利的牙齿做成刀具。

回澜·拾贝

　　赏鲸游程　　格陵兰海海域内生活着很多鲸鱼和海豚。海域沿岸的很多城市为游客提供观赏鲸鱼和海豚的游船行程，受到游客广泛喜爱。

　　雷克雅未克　　位于格陵兰海北部，是冰岛的首都。当地地热资源丰富，有完善的地热供热系统，首都热水供应公司建造的半球形珍珠楼是当地有名的建筑。

　　格陵兰岛冰盖融化　　随着全球气候变暖，格陵兰岛冰盖正在逐渐消融。科学家称，逐渐消融的格陵兰岛冰盖导致全球海洋水位每年平均上涨3毫米左右。

白色海国——白海

　　白海是巴伦支海的延伸部分，因海水呈白色而得名。白海海域面积约为9万平方千米，平均水深为61米，最大水深达350米。这片海域深入俄罗斯西北部内陆，靠近科拉半岛，具有重要的战略意义。

海水为什么是白色的？

　　白海位于高纬度地区，气候寒冷，海面大部分时间被雪白的冰层覆盖。阳光照到冰面上会产生强烈的反射，使海水看起来呈白色。此外，白海中有机物含量少，海水颜色不会像其他海域那样深，这也是海水呈现白色的原因之一。

白鲸

　　白海海域内栖息着很多友好、可爱的白鲸。它们经常在海水里嬉戏，还会和前来拍摄的摄影师玩耍，甚至会以亲吻的方式表达亲热呢！

科拉半岛

　　科拉半岛位于白海西北部，与巴伦支海相邻，属俄罗斯管辖的一个半岛。当地渔业、采矿、化工、有色冶金和船舶修理等行业较为发达，岛上有世界上最深的人造钻井。半岛东北部的摩尔曼斯克港是著名的不冻港，也是俄罗斯北方舰队的总部所在地。

重要意义

白海海域沿岸有阿尔汉格尔斯克、白海城、奥涅加等重要港口，是俄罗斯西北地区与远东港口及国外市场往来沟通的重要通道，因此具有非常重要的战略价值。但是，白海冰期较长，不利于船只通航。为解决这个问题，当地已建成白海—波罗的海运河，构成五海通航的发达交通系统。

白海中部的咽喉海峡邻近摩尔曼斯克港口，将白海分为两个部分，是沟通白海与外界海洋的唯一航道。咽喉海峡两端分布着较大的岛屿，这些岛屿既是小型旅游船只的停驻站，又是观赏白海风光的绝佳场所。

白海沿岸风景

回澜·拾贝

阿尔汉格尔斯克　白海沿岸的阿尔汉格尔斯克曾是俄罗斯重要的港口。两次世界大战期间，它是盟国物资进入俄国的主要港口。

人工运河　白海—波罗的海运河于1930年至1933年间修建而成，全长227千米，其中37千米为人工水道。1985年，运河年货运量超过730万吨，创造了当时的历史纪录。

五海通航　伏尔加—波罗的海航道与白海—波罗的海运河使波罗的海、白海、黑海、亚速海、里海相互沟通，实现了"五海通航"。

PART 3

多样的海洋地貌

海洋浩瀚宽广，蜿蜒狭长的海峡宛若海上的走廊，将不同海域彼此沟通。蔚蓝的海水下则是一片复杂多样的海底世界——连绵起伏的海底山脉，宽阔的海底平原，幽深的海底峡谷，奇妙的海底火山……多样的海洋地貌，一定会让你感受到海洋的神奇。

海　峡

海峡，是指两块陆地之间连通两个海或大洋的狭窄水道，是海上交通的咽喉。海峡地理位置独特，不但交通意义重大，而且具有很高的战略地位。

海峡特点

海峡多位于陆地或海岛之间，由海水对地峡的裂缝长期侵蚀或陆地凹处被海水淹没而形成。海峡一般水位较深，水流湍急，经常出现涡流。海峡底部大多是坚硬的岩石，细小沉积物的含量较少。此外，海峡内不同区域的海水温度、盐度、颜色、透明度等有所不同。

海峡之最

　　莫桑比克海峡是世界最长的海峡，位于马达加斯加岛和非洲大陆之间，沟通南、北印度洋，全长约 1670 千米。德雷克海峡是世界上最宽、最深的海峡，位于南美洲火地岛和南极半岛之间，沟通南太平洋和南大西洋，最窄处也超过 900 千米，最大深度可达 5248 米。

中国的著名海峡

　　渤海海峡位于山东半岛和辽东半岛之间，北起大连老铁山，南至烟台蓬莱，是沟通渤海内海与外海海域的必经通道。台湾海峡位于福建省与台湾地区之间，水深在 70 米左右，是连通南海和东海的重要海上通道。琼州海峡位于琼州岛与雷州半岛之间，东西长约 80 千米，南北宽约 29.5 千米，对南海海域的交通运输有重要的作用。

渤海海峡风景

　　巴拿马运河　横穿巴拿马地峡，沟通太平洋与大西洋，全长约82千米，是一条世界闻名的人造海峡。

# 重要的国际航道——马六甲海峡

马六甲海峡位于马来半岛与苏门答腊岛之间，连通安达曼海与南海，是沟通印度洋与太平洋的国际航道。马六甲海峡通航历史悠久，航运繁荣，现属新加坡、马来西亚和印度尼西亚三国共同管辖。

美丽的海峡

马六甲海峡年平均气温在 25℃以上，年降雨量在 3000 毫米左右，沿岸分布着许多热带丛林。丛林中藤萝如天罗地网分布在高大的绿树之间，形成独特的景观。两岸还有很多沼泽，如苏门答腊东部的海岸有一处规模较大的沼泽林。此外，两岸还有丰富的自然资源，如热带橡胶、锡等。

通航历史

马六甲海峡自古就是重要的国际海上运输通道。公元 4 世纪时，阿拉伯人穿过马六甲海峡经过南海到达中国，把中国的丝绸、马鲁古群岛的香料运往欧洲国家。公元 7 世纪至 15 世纪，中国、印度和阿拉伯国家通过马六甲海峡进行海上贸易沟通。1869 年，苏伊士运河贯通后，马六甲海峡成为世界最繁忙的海峡之一。

重要的航运作用

马六甲海峡位于马来半岛与苏门答腊岛之间，地处太平洋、印度洋的交界处，繁忙的海运以及独特的地理位置使马六甲海峡被誉为"海上十字路口"。

马六甲海峡是西亚与东亚往来的重要通道，西亚的石油多经此运往东亚，因此它被东亚各国看作其"海上生命线"。世界海上石油运输约有 1/4 通过马六甲海峡完成，每年通过该海峡的船只有 10 万多艘。

新加坡港 马六甲海峡沿岸的新加坡港是世界著名大港，码头岸线长达3～4千米。2018年，新加坡港集装箱吞吐量居世界第二位。

花园城市 马六甲海峡沿岸的新加坡周围环海，丛林茂密，天空碧蓝，是美丽的花园城市，也是世界著名的旅游胜地。

军事重地——直布罗陀海峡

直布罗陀海峡是连通地中海与大西洋的重要海上门户。古时候，地中海沿岸国家的探险队曾经过这一海峡进入大西洋。现在，直布罗陀海峡更成为大西洋与西欧、北非、西亚地区相互沟通的航道。

军事重地

直布罗陀海峡位于西班牙南部和非洲西北部之间，最宽处达 43 千米，最窄处仅有 13 千米。该海峡沟通地中海与大西洋，既是作用突出的航运通道，又是意义重大的军事重地。

直布罗陀海峡是北约各国海军进出地中海的必经之路，也是俄罗斯黑海舰队出入大西洋的重要航道。美国海军非常重视直布罗陀海峡的战略地位，在海峡沿岸设立了罗塔海军基地。此基地是美国地中海舰队的根据地。美国通过该基地可随时控制直布罗陀海峡的船只通航，从而占据有利地位。

海峡内的海水流动

直布罗陀海峡内的海水流动非常神奇，不同深度的海水流向是不同的：在海风的吹拂下，大西洋表层海水会经直布罗陀海峡源源不断地流入地中海，这是海峡内 200 米深度以上的海水流向。但是，在 200 米深度下的海层，由于地中海海水密度较高，因此海水会经海峡下层流入大西洋。

海峡之争

　　直布罗陀海峡具有重要的战略地位，一直是兵家必争之地。历史上，直布罗陀海峡曾属于西班牙，后来被英国占领，但西班牙从未放弃对该海峡的领土主权要求。

回澜·拾贝

　　大雾　直布罗陀海峡在4—5月会被大雾笼罩，可视范围小，非常不利于船只航行。

　　罗塔海军基地　一座美国、西班牙海军共用的海空两用基地，也是美军在西班牙派驻人数最多的一个军事基地。

年通航量最高的海峡——英吉利海峡

英吉利海峡又名"拉芒什海峡"，是大西洋北部海域的一部分。海峡长约560千米，将英国与欧洲大陆分隔。自古以来，英吉利海峡就是连通欧洲陆间海的重要通道。随着发展，英吉利海峡的航运更加繁荣，成为世界上航运最为发达的海峡。

繁荣的航道

英吉利海峡位于英国与法国之间，曾为西欧、北欧各资本主义国家的经济发展作出过巨大贡献，因此又被人们称为"银色的航道"。目前，英吉利海峡是世界上海洋运输最繁忙的海峡，航运量居世界各海峡首位，每年往来于该海峡的船舶达20万艘之多。

朗斯潮汐电站

丰富的资源

英吉利海峡资源丰富，不仅有蕴藏量丰富的石油、天然气资源及产量巨大的鲱鱼、鳕鱼和比目鱼等生物资源，还有丰富的海洋潮汐能动力资源。法国在英吉利海峡沿岸建成的潮汐电站——朗斯潮汐电站曾是世界上最大的潮汐电站。

海底隧道

英吉利海峡隧道又称"欧洲隧道"，西起英国福克斯通，东到法国加来，全长50千米，由3条平行的隧道组成。该隧道于1987年12月开工，1994年通车，造价约为150亿美元。

回澜·拾贝

重要海战　英吉利海峡上发生的重要海战包括1652年古德温暗沙战争、1653年波特兰战争、1692年拉乌格海战等。

张健　2001年，北京体育大学教师张健经过大约12个小时的拼搏，成功横渡英吉利海峡，成为第一位横渡英吉利海峡的中国人。

美亚史前交流的桥梁——白令海峡

白令海峡以丹麦探险家维图斯·白令的名字命名。海峡位于亚洲最东点和北美洲最西点之间，宽约 85 千米，深度为 30～50 米，中央有国际日期变更线穿过。在冰河时期，白令海峡曾是生物从亚洲到达美洲的陆桥。

位置独特的海峡

据记录，丹麦探险家白令是第一个进入南极圈和北极圈的人。他于 1728 年穿越了亚洲与北美洲之间的一条海峡，即白令海峡。

白令海峡位于亚洲东北端的楚科奇半岛和北美洲西北端的阿拉斯加之间，是两大洲之间最便捷的海上通道，还是沟通北冰洋和太平洋的唯一航道。白令海峡水道中心线是亚洲大陆和北美洲大陆的洲界线，也是俄、美两国的国界，还在国际日期变更线上。

史前陆桥

在漫长的地质变化过程中，陆地和海洋在不断变迁，这样的变化对生物的活动也产生了巨大影响。大约在第四纪冰期时，白令海的水面降低，白令海峡内的海水退去，海底变成了连接亚洲和北美洲的桥梁。两洲的生物通过白令海陆桥迁徙。

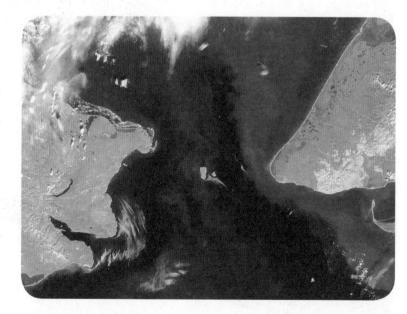

沿岸大陆

　　阿拉斯加位于白令海峡东侧，是美国面积最大的州。这片土地是探险家白令于1741年发现的。历史上，这片土地曾归属于俄国，俄国的商人在这里建立了一座座村落。但是，由于阿拉斯加寒冷而荒凉，俄国于1867年将其卖给了美国。美国人对阿拉斯加展开了探索，幸运地发现了储量丰富的黄金、油气资源，让这片土地成为"能源的源泉"。

超级工程计划

　　曾有人设想修建一条联系俄、美两国的海底隧道。这条隧道起于俄罗斯远东的楚科奇，穿越白令海峡，到达美国阿拉斯加。水下隧道包括一条高速铁路、一条高速公路、多条输油管道，规模十分庞大。

　　跨国公园　　白令海峡的西沃德半岛及楚科奇半岛地区生物资源丰富，环境优美，是地球上极少的"没有污染的地区"。美国和苏联政府曾计划在这两地建一座跨国公园。

最深的海峡——德雷克海峡

德雷克海峡位于南美洲南端与南极洲设得兰群岛之间，最大深度约为 5248 米，是世界上最深的海峡，也是世界上最宽的海峡。此外，德雷克海峡气候恶劣，是全世界最危险的海峡之一。

德雷克

海峡命名

16 世纪初，西班牙占领南美大陆并封锁航路，严禁其他国家船只来往。在此期间，英国贩卖奴隶的德雷克所乘船只在西班牙受到攻击，德雷克逃脱后成为抢劫西班牙商船的海盗。一次，德雷克在躲避西班牙军舰追捕时偶然发现了这一海峡，由此该海峡被命名为"德雷克海峡"。

海峡初印象

　　德雷克海峡北部表层水温约为6℃，南部约为1℃，在南纬60°左右温度发生明显变化。海峡内海水盐度和含氧量由南向北逐渐增加。海域内浮游生物丰富，吸引了很多来自极地的企鹅、鲸类等海洋动物。

暴风走廊

　　德雷克海峡位于南美洲智利合恩角和南极洲南设得兰群岛之间，紧靠智利和阿根廷两国，连通大西洋和太平洋，分隔南美洲和南极洲，是外界到达南极洲的重要通道。

　　该海峡位于南半球高纬度区域，是太平洋、大西洋的交汇处，海峡两侧气压差大，南极洲的干冷空气与美洲的暖湿空气交流碰撞，让这里成为太平洋和大西洋狂风巨浪的聚集地。海峡内的风力基本在8级以上。这样猛烈的飓风会让万吨巨轮也被震颤得像漂在海面上的树叶。曾经有大量船只在此海峡沉没，因此这条海峡也被人们称作"暴风走廊""魔鬼海峡"。

回澜·拾贝

　　荷赛西　1525年，西班牙籍航海家荷赛西发现德雷克海峡且驶船通过，成为发现该海峡的第一人。

　　南极科考通道　德雷克海峡是从南美洲进入南极洲的重要海路，探险家及科学考察工作人员要经此海峡进入南极。

最崎岖的海峡——麦哲伦海峡

麦哲伦率领船队环球航行时，穿越了南美洲南端与火地岛等岛屿之间的一条蜿蜒曲折的海峡，人们因此将这条海峡称作"麦哲伦海峡"。麦哲伦海峡是沟通南大西洋和南太平洋的重要海上通道，海域内风力强劲，地形复杂，不利于船只航行。

曲折的险峡

麦哲伦海峡长约560千米，宽3.3~32千米，可分为西、中、东3段，两岸多为陡峭的崖壁。海峡西段为西北转东南走向，中段为南北走向，东段从西南转向东北。总体来看，整个海峡自西至东拐了一个直角弯。

沿岸的风景

麦哲伦海峡两侧分布着高海拔的山脉和众多岛屿，除了部分地区有少许植被生长，其他地区通常以秃山、岩石为主，只有导航灯塔点缀其间。海峡可由弗罗厄得角分为景观截然不同的西段和东段。海峡西段沿岸峭壁巍峨险峻、高耸入云。冬季，岩壁上常常会冻结着巨大的冰柱，形成壮观的景象。与西段相比，海峡东段沿岸则平坦开阔，是一望无际的草原景观。

海峡风暴

　　麦哲伦海峡西段几乎常年盛行偏西大风，在太平洋入口处海峡风力经常高达 9~11 级。海峡东段在每年 9 月中旬至次年 3 月盛行西北风，10—11 月份风力不断加强。从季节来看，冬季海峡内的风最为强劲，宽阔水域的风力可以高达 7~8 级，但是在岸形的遮挡下，海风并不会引起太大的涌浪。

回澜·拾贝

　　麦哲伦　　葡萄牙航海家，1519年至1521年率领船队完成首次环球航行，于1520年发现麦哲伦海峡且由该海峡进入太平洋。

　　火地岛　　麦哲伦海峡沿岸的一座岛屿，是南美洲最南端的岛屿。麦哲伦发现麦哲伦海峡时，首先看到土著居民在岛上燃起的篝火，该岛由此而得名。

　　海峡数字　　麦哲伦海峡最宽处约有32千米，最狭处为3千米左右，最深处达1千米以上，最浅处只有约20米。

最长的海峡——莫桑比克海峡

莫桑比克海峡是世界上最长的海峡，蜿蜒1670千米。这条海峡位于非洲大陆东岸和马达加斯加岛之间，是印度洋与其他海域沟通的重要航道之一，通航历史悠久，交通地位非常重要。

交通要道

莫桑比克海峡自古就是沟通大西洋和印度洋的重要航道。在10世纪前，阿拉伯人穿过莫桑比克海峡到达莫桑比克地区进行贸易活动；在苏伊士运河开凿之前，该海峡还曾是欧洲大陆经大西洋、好望角、印度洋到东方去的必经之路；波斯湾的一部分石油先经过此海峡再运往欧美各国。目前，该海峡已成为世界上航运最繁忙的航道之一。

两岸地形

莫桑比克海峡呈东北转西南走向，两端宽，中间窄，两岸地形多变：西北方的莫桑比克海岸为侵蚀海岸，蜿蜒曲折；东北方的马达加斯加海岸是基岩海岸，绵延不断，分布着诸多珊瑚礁和火山岛；南部为砂质冲击海岸，形成很多沙洲、河口三角洲；赞比西河口处为红树林海岸，有独特的红树林景观。

莫桑比克海岸　　　　马达加斯加海岸　　　　赞比西河红树林景观

海峡内的香料岛

　　莫桑比克海峡北端入口处分布着一系列群岛，由大科摩罗岛、昂儒昂岛、莫埃利岛和马约特岛 4 个主岛和诸多小岛组成。当地盛产香料原料，因此被人们美称为"非洲香料岛"。

沿岸的波巴布树

　　波巴布树又称"猴面包树"，是莫桑比克海峡附近岛屿上的一种奇怪的树。这种树树形壮观，树冠巨大，树杈酷似树根。它们的果实像足球一样大，甘甜汁多，深受猩猩、大象等动物喜欢。

　　主要海产　　莫桑比克海峡盛产龙虾、对虾和海参等海产，因肉质鲜嫩肥美而深受世界市场青睐。

　　莫罗尼　　莫桑比克海峡北端入口处科摩罗的第一大城市。城市建筑具有阿拉伯特色，城内有许多清真寺和朝圣中心，当地的海滨、盐湖等是国际著名的旅游景点。

海底地形

说到海洋，人们很容易联想到一望无边的海面和多种多样的海洋生物。然而，海洋的魅力远不止这些，海洋深处还有着深邃的海沟、连绵起伏的海岭、平坦宽阔的海底平原和蜿蜒曲折的海底峡谷等，甚至还有喷发岩浆的火山。

海底的基本组成

整个海底地形可划分为大陆边缘、大洋盆地和大洋中脊3种基本地形。大陆边缘为陆地与洋底之间的过渡地带，大洋中脊是海洋底部连绵不断的巨大山脊，大洋盆地即大洋中脊与大陆边缘之间的宽阔地带。人们对这些地形进一步划分，将狭长、陡峭、深度较大的沟槽称为"海沟"，绵延的海底高地称为"海岭"，平坦开阔的地带称为"海底平原"。

海底的巨大山脉

大洋中脊是地球上最长、最宽的环球性的海底山系。这种地形约占海洋总面积的33%，在各大洋底部几乎都有分布。大西洋中脊是最雄伟的海底山脊，贯穿大西洋底呈"S"形；印度洋的洋中脊形式独特，分为3支，呈"Y"形。

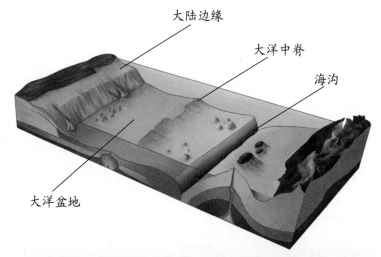

海底地形

海底最深的地方

    海沟是分布在大陆边缘或岛弧与深海盆地的狭长沟槽，两侧坡度较为陡峭。深海沟水深通常超过 6000 米，是海底最深的地方。世界大洋约有 30 条海沟，主要分布在环太平洋地区。

    海沟通常分布在岛弧周围，二者构成统一的沟弧体系。大多数海沟位于岛弧靠近大洋一侧，如著名的马里亚纳海沟；也有少数海沟分布在岛弧靠近大陆一侧的边缘盆地中，如南海东部边缘的马尼拉海沟、所罗门海的新不列颠海沟。

岛弧   大陆与海洋盆地之间呈弧形分布的群岛。
大陆隆   大陆坡与深海平原之间的地段。

深海平原

    深海平原是大洋盆地的一种地形，通常位于 3000 米以下的深海处，处于大陆隆和深海丘陵之间或被海底山系环绕，坡度一般小于 1/1000，非常平坦。某些深海平原区蕴藏着储量丰富的矿产资源，但因自然条件所限，很少被人类开发利用。

海洋中的"山"

　　潜入海洋，你会发现，海洋底部有一座座高高耸立的山。海底山的高度通常在千米以上，山顶一般不会高出海面，高出海面的称为"岛"。海底山通常是由死火山形成的，也有由珊瑚虫不断累积而形成的环礁。此外，一些"山"的形成与海底火山喷发有关。海底火山喷发后，岩浆冷却会在洋脊顶部断裂处形成新的火山，火山灰堆积可形成火山岛。

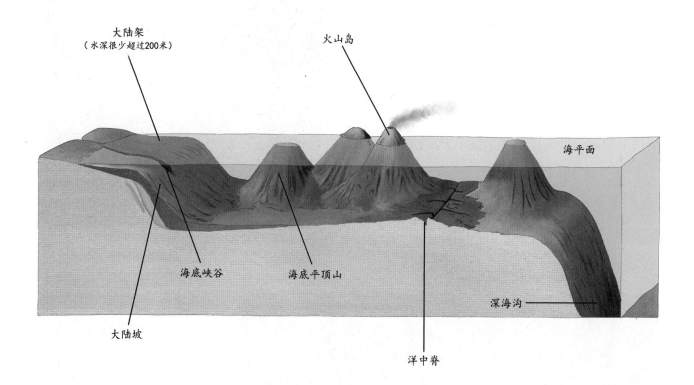

波多黎各海沟　波多黎各海沟深约9219米，是大西洋的最深处。
海底峡谷特点　海底峡谷的横剖面呈"V"形，谷壁陡峭，通常蜿蜒曲折。
秘鲁-智利海沟　秘鲁-智利海沟位于太平洋东部，长约5900千米，是世界上最长的海沟。

马里亚纳海沟

    马里亚纳海沟形成于大约 6000 万年前，是太平洋西部洋底一系列海沟的一部分。该海沟位于菲律宾东北、马里亚纳群岛附近的洋底，是世界上最深的海沟。

海沟概况

    马里亚纳海沟是一条弧形海沟，全长约为 2550 千米，平均宽 70 千米，大部分水深在 8000 米以上，最深处深度约为 11000 米，是地球上目前探测到的最深点。如果把珠穆朗玛峰放到这里，其峰顶都不会露出水面，可见海沟有多么深！

恶劣的深海环境

    马里亚纳海沟底部不能接受到阳光照射，通常漆黑寒冷，但是在地热的影响下，部分区域的温度又会高达上百摄氏度，不利于生物的生存。此外，海沟底部水压巨大。这也是人类探测海沟需要面对的一个巨大挑战。

海沟探测

1899 年，人们在关岛东南探测到内罗渊最大深度为 9660 米。1929 年，人们在其附近又进行了探测，探测结果将最大深度纪录刷新为 9814 米。1951 年，英国皇家海军"挑战者二号"探测到海沟 10863 米的深度，将其命名为"挑战者深渊"。1960 年，科学家乘坐"的里雅斯特"号深潜器潜入海沟 10916 米，发现海底鱼类和虾。1995 年，日本探测艇"海沟"号精确测得最大海沟深度为 10911 米。

重大发现

2011 年，科学家在马里亚纳海沟底部发现了储量丰富的碳。科学家探测到，这里就像一个巨大的二氧化碳收集槽，其碳储量比 6000 米深的海底平原的还要高。这说明海沟对地球环境的调节有着重大的作用。科学家计划对海沟内的碳作进一步研究，从而更好地掌握海沟对气候的调节作用。

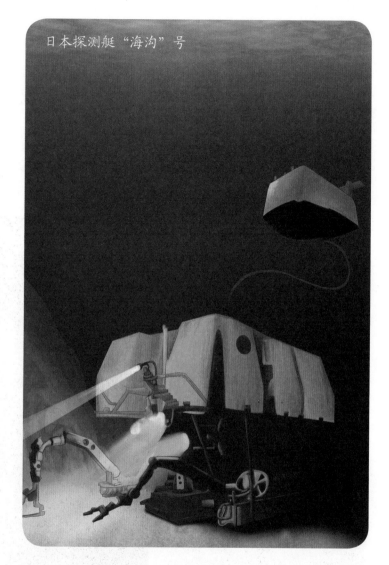

日本探测艇"海沟"号

回澜·拾贝

詹姆斯·卡梅隆 2012年3月，美国好莱坞导演詹姆斯·卡梅隆独自乘坐潜艇"深海挑战者"号探索马里亚纳海沟，下潜深度近11000米。

"蛟龙"号 "蛟龙"号载人潜水器是中国用来开展大洋国际海底资源调查和科学研究的先进装备，在马里亚纳海沟进行了多次试潜，成功下潜到7062.68米的深海。

大西洋中脊

　　大西洋中脊亦称"中大西洋海岭"，是一条蜿蜒在大西洋海底的巨大山脉，沿大西洋南北轴线延伸，是目前已知的最大海底山脉。大西洋中脊大部分位于海底，在一些地方峰顶钻出水面，形成了岛屿。

蜿蜒的海底山脉

　　大西洋中脊长度达到 1.5 万多千米，平均宽度达到 1000~1300 千米，从洋底测量的平均高度为 2000 多米，某些高出海面的部分形成冰岛、亚速尔群岛、圣赫勒拿岛、阿森松岛等岛屿。

　　大西洋中脊从冰岛出发，向南延伸，经大西洋的中部延伸到南极附近的布韦岛，总体呈"S"形，在赤道附近，被罗曼什海沟分为北大西洋洋中脊及南大西洋洋中脊两部分。

海脊上的裂纹

　　大洋中脊上通常分布着中央裂谷和横向断裂带。中央裂谷是地球上最大的张裂带，通常伴随地震和火山活动而形成，呈纵向分布在大洋中脊轴部，一般深约 1~3 千米。横向断裂带是与大洋中脊垂直或斜交的断裂带，可以形成海槽、断崖、海岭等海底地形。

亚速尔群岛

亚速尔群岛是大西洋中脊突出海面的部分形成的一系列火山岛，位于北大西洋东中部，是欧洲、美洲、非洲之间航线的中继站，具有重要的战略和交通地位。岛上地势崎岖，有很多火口湖、热泉，盛产葡萄酒，现在已经成为旅游休闲的胜地。

大西洋中脊的发现　1872年，在"挑战者"号科考船对大西洋考察期间，查尔斯·怀韦尔·汤姆生带领科学家团队在研究跨大西洋电报电缆的位置时，发现大西洋中央的海底高于其他部分，由此发现了大西洋中脊。

不断成长的海脊　北大西洋底部的北美洲板块及欧亚大陆板块互相分离，南大西洋底部的南美洲板块及非洲板块互相分离，使大西洋中脊每年以5～10厘米的速度向东西方向成长。

深海平原

深海平原又称"深海盆地"，通常位于海面下 3000 米至 6000 米处。海底平原延伸范围宽广，覆盖面积约占海洋底部面积的 40%，起伏较小，是地球上较为平坦的地段。深海平原在各大洋中均有分布，在大西洋中分布最为广泛。

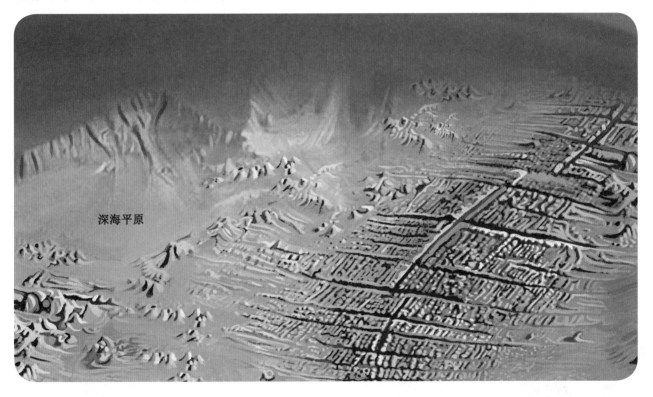

深海平原

形成过程

首先，地层深处的物质涌出地表，在大洋中脊形成起伏不平的新海洋地壳。随后，新的海洋地壳被大量沉积物质覆盖，包括大陆坡上沉积而成的砂层（含有陆地上的黏土颗粒和海洋浮游生物的残骸）以及海洋生物沉淀所形成的均匀沉积层。沉积物不断累积，逐渐形成平均约 1000 千米厚的深海平原沉积。

分布特点

　　深海平原在各大海洋中均有分布，大西洋分布最多。大西洋海底之所以分布着大量深海平原，一方面是因为大西洋的陆源沉积物丰富，另一方面是因为大西洋的边缘没有海沟阻隔。与大西洋相比，太平洋周缘海沟广布，故深海平原分布有限且主要分布在东缘无海沟海域。

南海深海平原

　　南海深海平原有众多海山、海丘分布，较为高大的海山就有18座，其中14座已被命名。这些海山、海丘由岩浆上涌而形成，它们的排列方向受南海板块构造运动控制，具有明显的规律性，有北东向、东西向、南北向和北西向几种排列方向。

　　矿产资源　某些深海平原区域含有储量丰富的铁、镍、钴、铜等金属的富结体，可能会成为未来矿产的来源。

　　哈特拉斯深海平原　大西洋西北海底的主体，南北长约1450千米，平均宽483千米。

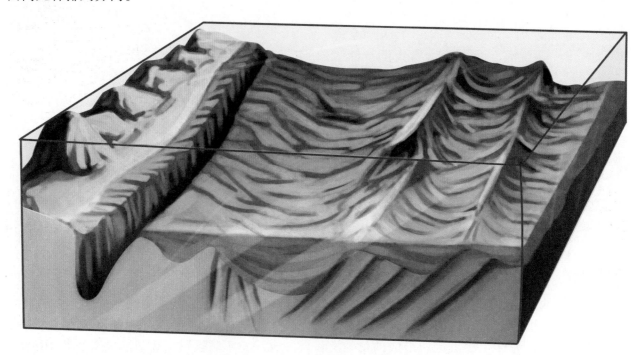

南海深海地形示意

深海峡谷

海底不仅有高大的山脉，在大陆坡上还有一条条蜿蜒曲折的峡谷。与陆地上的峡谷相近，海底峡谷的谷壁通常为陡峭的岩石，而且峡谷有较多分叉，可以延伸到深海底部。峡谷里生物种类多样，丰富多彩。

深海峡谷分类

深海峡谷主要分为海底扇形谷、陆架沟渠、冰蚀槽、深海峡几类。海底扇形谷由大量沉积物质构成，呈扇面形，谷壁陡峭。陆架沟渠通常分布在大陆架边缘盆地。冰蚀槽多分布在冰川侵蚀海岸外的大陆架上。深海峡分布在深海海底，剖面呈槽形。

劳伦琴冰蚀槽

劳伦琴冰蚀槽是世界上最著名的冰蚀槽，从圣劳伦斯湾开始，延伸约1046千米，直到萨格纳河外241千米的大陆架边缘处。冰蚀槽底部有规模较小的盆地和分支。

深海峡谷的奇特生物

　　科学家在对深海峡谷探索的过程中，在新西兰的一处深海峡谷里发现了一种前所未见的鱿鱼，并且将其称为"米老鼠鱿鱼"。这种鱿鱼外形奇特，头部像大耳朵的米老鼠，生活在水深约900米的海底峡谷，生活区域离海床很近。其他鱿鱼通常不会选择这样的生存环境。

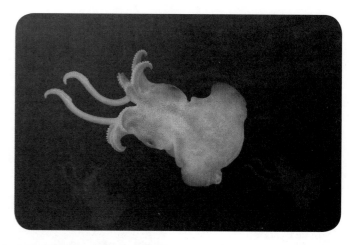

生物多样的哈得孙海底峡谷

　　哈得孙海底峡谷是位于纽约港外侧陆棚和大西洋陆坡上的大型海底峡谷，谷口以下形成了哈得孙海底扇形谷地，两侧谷壁高度可达500多米。峡谷内生活着方头鱼、鮟鱇、比目鱼等上百种鱼类及龙虾和螃蟹等甲壳纲动物，谷底还装饰着美丽的珊瑚、海葵和海绵动物，色彩斑斓，非常迷人。此外，峡谷内还有灯笼鱼来回游动，让峡谷更加美丽多彩。

回澜·拾贝

最长的海底峡谷
白令海底部的白令峡谷长400多千米，是世界上最长的海底峡谷。

最深的海底峡谷
大西洋海底的巴哈马大峡谷是目前人们发现的最深的海底峡谷，谷壁高度在4千米左右。

海洋火山

海洋火山是形成于浅海和大洋底部的各种火山，大多分布于大洋中脊与大洋边缘的岛弧处，可分为边缘火山、洋脊火山和洋盆火山。浅水海域的海洋火山喷发时常伴有壮观的爆炸现象，并且会形成很多岛屿。

不同的海洋火山

边缘火山是岛弧的主要组成部分，通常分布于大洋边缘的板块俯冲带边界，与海沟、地震带相伴。洋脊火山通常顺着大洋中脊的走向分布，世界上约80%的火山岩由这些火山喷发形成。洋盆火山是分布于大洋板块内的火山，由洋底缝隙溢出的熔岩流逐渐增高而成，但一般不会高出海面。

海洋火山的分布与活动

世界上共有20000多座海洋火山，其中只有少数为海洋活火山。海洋火山主要分布在大洋中脊与太平洋周边区域，其中活火山大部分在岛弧、中央海岭的断裂带上，形成火山带。海洋火山在喷发的过程中，有时会在海面上创造出一座座岛屿，如夏威夷岛、台湾岛附近的诸多岛屿等。

夏威夷岛

夏威夷岛是北太平洋海底火山喷发形成的岛屿，面积为1万多平方千米，是夏威夷群岛中最大的岛屿。该岛温暖湿润，环境优美，盛产甘蔗与咖啡，有良港与机场，是著名的观光胜地。岛上的冒纳罗亚火山海拔为4170米，是世界上著名的活火山。

台湾海底火山活动

约8600万年前，台湾岛附近海域就有断断续续的火山活动，在台湾岛周围留下了一座座形成于不同时期的岛屿。

回澜·拾贝

高尖石 位于中国西沙群岛东岛大环礁附近海域，是海底火山露出海面的部分。

顽强的生物 厌氧耐热菌是一种顽强的菌类，可以在高温的海底火山口附近生存。

苏尔特塞岛 1963年，北大西洋冰岛附近的海底火山突然爆发，在海里形成了一座小岛。这座小岛不断扩大，到1964年已经形成了一座约170米高、1700米长的巨大岛屿——苏尔特塞岛。

PART 4

神奇的海洋现象

涨落的海水、朦胧的海雾、漂浮的海冰……这些神奇的海洋现象拥有无限的自然奥秘。它们成就了海洋的神奇，赋予了海洋更深刻的内涵。

潮 汐

潮汐通常指海水在天体引潮力的作用下产生的周期性涨落现象。人类通过对这种现象的研究，掌握了潮汐的规律并且加以利用，让潮汐成为能够造福人类的宝贵资源。

潮汐的形成

天体的周期性运动是形成潮汐的主动力。由于日地距离大，太阳的引潮力比较小，因而海洋潮汐主要是由月球引潮力引起的。

大潮与小潮

  中国农谚中有"初一、十五涨大潮，初八、二十三到处见海滩"之说，形象地描述了潮汐的规律。农历每月的十五或十六，太阳、月亮和地球处于一条直线上，太阳和月球的引潮力合力最大，会在海面上引起"大潮"。农历每月的初八和二十三，太阳、地球、月亮三者方位成直角，太阳引潮力和月球引潮力部分相互抵消，所以合力较小，引起的潮汐也较小，称为"小潮"。

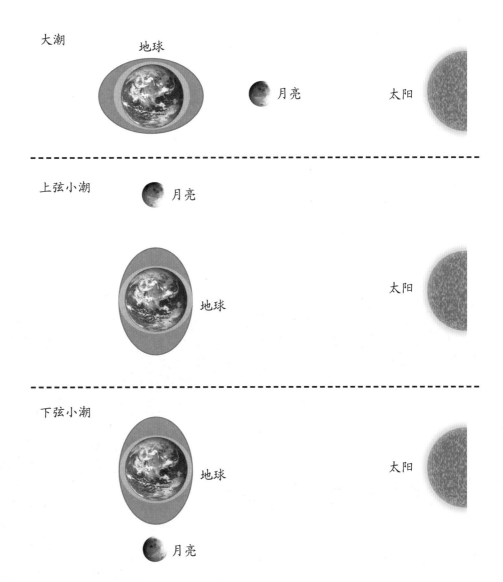

潮涨潮落

  如果经常观察大海，你会发现每天潮汐到来的时间都是不同的。以正规半日潮海区为例，潮水每天会涨落两次，基本每隔 12 个小时左右就会完成一次涨潮和落潮。但是，高潮出现的时间是不同的，通常每天都会推迟约 50 分钟。

钱塘江大潮

钱塘江大潮是中国著名的潮汐现象之一，有"八月十八潮，壮观天下无"的说法。每年农历八月十八前后，钱塘江就会出现巨浪滔天的景象。这是因为钱塘江的地形得天独厚——其入海口是一个喇叭形河口湾，涨潮时，大量潮水在狭窄的河口处汇集，潮位大幅度增高，潮水势不可当，像一道高速前进的直立水墙，大有排山倒海的气势。

历史悠久的观潮

中国自古以来就有观赏钱塘江大潮的习俗。这一习俗始于汉魏，盛于唐宋，约有 2000 年的历史。

潮汐发电

人们掌握潮汐的规律后，巧妙地加以运用，将涨潮时的海水储存到水库内，在落潮时放出，利用高、低潮位的落差推动水轮机转动，带动发电机发电。世界上最早的潮汐发电站于 1912 年在德国布斯姆建成。中国潮汐能资源发达，建成了很多潮汐电站，其中江厦潮汐电站最为著名，是中国最大的潮汐能电站。

江厦潮汐电站

郑成功巧用潮汐

17世纪，郑成功率水师进入台湾，准备攻打赤崁城。通往赤崁城的水道有大港水道和鹿耳门水道两条：大港水道港阔水深、利于航行，但沿岸有重兵把守；鹿耳门水道航道狭窄、水浅礁多，所以设防较为薄弱。郑成功巧妙利用潮汐规律，在鹿耳门水道涨潮变宽、变深时，率领军队顺流迅速通过，成功登陆赤崁城。

鹿耳门水道

世界三大潮涌　亚马孙潮涌、恒河潮涌、钱塘江大潮是世界上最壮观的三大潮涌。

朗斯潮汐电站　朗斯潮汐电站曾经是世界最大的潮汐电站，位于法国圣玛珞湾朗斯河口，于1959年开工，1966年投产，枢纽建筑物总长约为750米。

 海 雾

　　海雾是海面上空低层大气中的水蒸气凝结而形成的天气现象，经常出现于天气由冷转暖时。不同类型的海雾成因各不相同，不同地区的海雾也各有特点。海雾笼罩在海面上时，会使海面能见度降低，影响船只航行。

海雾的形成

　　海雾看起来缥缈神秘，其实就是悬浮在空气中的小水滴。在海面低层大气中，当水汽增加、温度降低时，大气会逐渐达到饱和或过饱和状态。随后，水汽以空气中的盐粒、尘埃等为核心，凝结成细小的水滴,悬浮在海面低空。水滴不断凝结并且增多，天空会因此呈现灰白色，使海面上能见度降低，于是形成海雾。

组成海雾的小水滴

　　海雾形成后，会笼罩在海面上空，有时好几天都不消散。有人就会认为，组成海雾的小水滴是静止的。其实，这些水滴是不断降落的。这些水滴细小轻盈，直径大约为 10 微米，每分钟降落约 1 厘米。人们很难发现它们的降落，所以才会以为它们在空中停留不动。

常见的海雾类型

根据海雾的形成原因，人们将海雾分为平流雾、混合雾、辐射雾和地形雾。

因空气平流作用形成的海雾称为"平流雾"，包括暖气流遇冷形成的平流冷却雾及海水蒸发的水汽遇冷形成的平流蒸发雾。海上风暴产生的水滴蒸发与冷、暖空气混合形成的海雾称为"混合雾"，因出现季节不同，分为冷季混合雾和暖季混合雾。海洋上的物质辐射形成的海雾称为"辐射雾"，通常分为浮膜辐射雾、盐层辐射雾和冰面辐射雾。

国外的海雾

平流冷却雾是世界各海域内影响范围最大的海雾。平流冷却雾盛行于春夏两季，雾气浓厚，持续时间较长，以大西洋北部纽芬兰岛和太平洋千岛群岛附近海域的雾区最为显著。此外，南印度洋爱德华王子群岛、太平洋东岸的秘鲁沿岸也会弥漫大范围的平流雾。

中国的海雾

中国海域常见的雾以平流冷却雾为主，海雾出现的时间由南向北逐渐推迟。例如：南海海域1月就出现海雾，2月、3月海雾最大；东海海域在3月出现海雾，4—6月海雾弥漫，到7月海雾才逐渐减退；黄海海域在4月出现海雾，雾气弥漫的天气会持续到8月；渤海海域在5月出现海雾，7月海雾逐渐消散。

影响海上活动

　　海雾笼罩海面后，海上能见度会大幅降低，容易引发船只触礁、碰撞事故。以中国珠江口水域为例，这里每年冬、春季节都会出现大雾天气，海雾持续时间可超过8天。2005年1月，珠江附近海域的大雾造成了多起海上碰撞交通事故，共造成3艘船舶沉没，3人死亡，4人失踪。不仅如此，珠江口附近海域的海雾还使华南沿岸地区的交通运输陷入混乱状态，对海域内的经济和社会活动造成了严重影响。

　　雾窟　山东半岛的成山头一年内有80多天被大雾笼罩，素有"雾窟"之称。

　　海雾助战　美国独立战争时期，美军在纽约长岛附近被英军包围。一天夜里，长岛突然大雾弥漫，华盛顿乘机率军冲出重围，扭转了战局。

洋　流

　　洋流又称"海流"，指海水在自然因素的影响下产生的有规律的大规模流动。洋流流动路径多样，但总体稳定，每条洋流有其固定的流动路线。洋流对海洋整体环境和人类的生产生活有着重要的影响。随着科技的进步，洋流已被应用于航线选择、发电、渔业等领域。

多样洋流

　　洋流的分类方式多种多样。由强劲的风带动起来的洋流称为"漂流"，由海水密度分布不均匀而产生的洋流称为"密度流"或"地转流"，河川在入海处流动而带动的海水流动称为"河川泄流"，而由海水的连续性而产生的海水替补性流动则称为"补偿流"。此外，根据温度还可以将洋流分为寒流和暖流。

墨西哥湾流

　　墨西哥湾流也称"湾流"或"墨西哥湾暖流"，是全球最强大的暖流。这股暖流全长为 5000 千米左右，宽 100~150 千米，最深处可达 4000 米。墨西哥湾流对于调节地球气候有着重要意义，将热带及南半球的热量传输到高纬度地区，为寒冷的西北欧地区送去温暖，因此被称为"世界上最重要的天然供暖系统"。

黑潮

　　黑潮也称"日本暖流"，是太平洋地区最强的海流，其温度和含盐度较高，因水色呈深蓝色而得名。黑潮夏季水温可达30℃，冬季水温也在20℃之上。温暖的海水一路流动，成为天然的暖气，温暖了寒冷的北极海域，也为中国东部沿海地区驱散严寒，带来暖意。

调节气候

　　寒流和暖流是实现地球冷热交换和维持地球热量平衡的主要动力：寒流可以驱走所经之地的炎热气息，暖流则可为所到地区带来温暖和潮湿的空气。海流将地球上最寒冷的气息从两极带到炎热的赤道，又将赤道的热量输送到寒冷的两极。正是这样的调节，才使地球得以维持正常的气候环境。

影响航行

　　海流的流动路径固定。船只顺着海流的方向运动时，海流会为船只提供动力，增加船只的航行速度；船只逆着海流的方向运动时，海流对船只有一定的阻力，船只就像拖着重物一样，运动起来非常吃力。此外，寒流和暖流的交汇处经常会产生海雾，影响船只航行。有时，寒流中还漂浮着极地的浮冰，会撞击船只，导致沉船。

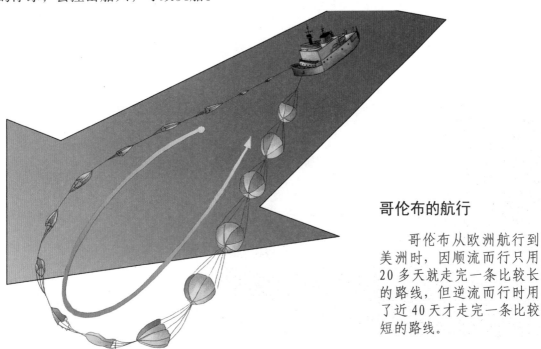

哥伦布的航行

　　哥伦布从欧洲航行到美洲时，因顺流而行只用20多天就走完一条比较长的路线，但逆流而行时用了近40天才走完一条比较短的路线。

成就渔场

海流是海水中营养物质的优秀运输者，因而成就了世界上很多著名的渔场。寒流和暖流交汇处有大量的营养物质，创造了鱼类优良的生存场所，加上当寒流和暖流互不影响时会限制鱼类的自由出入而使鱼群聚集，从而形成了纽芬兰渔场和北海道渔场等大型渔场。此外，补偿流也可为鱼类带来充足的食物，秘鲁渔场即由此而成。

影响环境

海流可以将所经海域内的污染物运送到其他海域，减弱原地的污染破坏，对环境有一定的改善作用。但是，海流对污染物只进行了位置转移，并不会对其进行降解。随海流流动的污染物会继续影响其他地区的环境。比如：海上泄漏的石油会随着海流扩散到很远的海域，对海洋环境造成严重污染。

回澜·拾贝

海流发电　海流的规模较为庞大，沿着固定路线稳定地流动，可以推动涡轮机转动，产生电能。

南极绕极流　南极绕极流是地球上最强大的海流，带动了太平洋、大西洋、印度洋南部的海水不断流动，其带动的海水深度远超过其他海流。

海 冰

　　海冰通常指海水冻结而成的咸水冰，广义上也包括来自江河湖泊的河冰以及自冰川脱落的小型冰山。海冰有时会对人们的海上活动产生不良影响，其冻结和融化会引起海况的变化，漂浮在海面上的流冰则会对航行船只和海上建筑物造成影响。

海冰的形成

　　海上气温降低到海水冰点后，海水逐渐形成针状或薄片状的细小冰晶，后逐渐聚集、凝结，再经历风吹浪打、海水冲积，成为重叠冰、堆积冰，最终成为厚厚的冰山。

圆形的冰块

　　海上冰层容易破碎，形成长方形冰块。这些冰块在外力作用下彼此碰撞、摩擦，形成圆形的饼冰。

带来营养物质

　　海冰冻结时，海水的密度会发生变化，致使上层海水和下层海水发生对流，含氧量较大的表层海水与营养盐丰富的下层海水相互混合，使海冰冻结的海域成为海洋生物的天堂，所以极地部分海域内海洋生物资源较为丰富。

破坏力

　　海冰的冻结和融化会引起海况的变化，从而对海上建筑和航行船只造成影响。海冰冻结时会将海上建筑物一同冻结，如果海冰随海水上下起伏，就会破坏建筑物的根基。海冰融化时，大块的海冰会在海面上漂浮游荡，影响海上航行，著名的泰坦尼克号邮轮就是因与冰山相撞而沉没的。不仅如此，体积较大的海冰在快速行进时可以产生巨大的摧毁力，会对海上石油平台等海洋工程设施产生严重威胁。

　　海冰的特点　海冰具有热传导性差、太阳反射率大等显著特点。
　　海冰融化　全球气候变暖使海冰的覆盖面积不断减少。2007年，北极海冰范围大幅减少，海冰覆盖面积低至360万平方千米。

厄尔尼诺现象

厄尔尼诺现象也称作"圣婴现象"，是热带太平洋地区海水温度异常变暖的气候现象。厄尔尼诺现象对环赤道太平洋地区的气候影响非常显著，通过海气作用还可以影响到其他地区。

圣婴现象

"厄尔尼诺"是根据西班牙语里的"圣婴"一词音译而来。很久以前，居住在秘鲁和厄瓜多尔海岸一带的渔民发现，隔几年就会在圣诞节前后出现海水温度异常升高的奇怪现象，随寒流而来的鱼群就会遭受灭顶之灾。无可奈何的当地渔民便把这种反常现象称为"圣婴现象"。

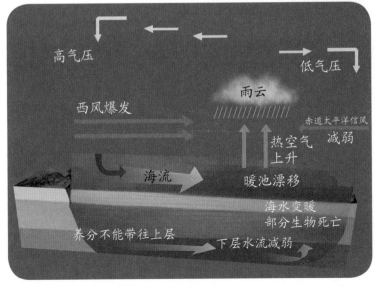

东南信风在作怪

在赤道附近，东南信风带动海水自东向西流动，形成北赤道暖流和南赤道暖流。从赤道地区东太平洋流出的海水通过下层海水上升而补充，下层冷水上泛使该海域水温低于四周海域。如果东南信风减弱，东太平洋地区的冷水上泛就会减少或停止，海水温度因此升高，形成大范围的水温异常增暖现象。

美丽海洋 ▶▶▶

厄尔尼诺现象的影响

　　海水温度异常变暖，海域内浮游生物和冷水鱼类会因无法适应水温变化而死亡，海鸟也会因食物短缺而成群结队迁徙到其他地方。此外，反常的海水变暖会引起狂风暴雨，造成太平洋地区西部干旱少雨、东部降水过多的反常气候现象。在厄尔尼诺现象的影响下，2005年大西洋飓风季就出现了罕见的4个最高强度的飓风，给北美洲和中美洲造成了巨大的人员伤亡和经济损失。

飓风摧毁美洲种植园

对中国的影响

　　厄尔尼诺现象不仅大幅度影响到环赤道太平洋地区的气候变化，其影响范围甚至会覆盖到中国某些地区。厄尔尼诺现象出现时，中国沿海地区的台风会比正常年份减少，北方地区会出现干旱、高温天气，南方则会出现低温和洪涝。1997年至1998年的厄尔尼诺现象发生期间，中国华南地区出现强降雨，长江流域大水泛滥，西南5省则出现严重干旱天气。

回澜·拾贝

　　危害　1982年4月至1983年7月的厄尔尼诺现象是几个世纪以来影响最严重的一次，造成全世界1300～1500人丧生，经济损失约为百亿美元。

　　北方暖冬　厄尔尼诺现象会引起气候的异常。一般来说，厄尔尼诺现象发生后，中国北方地区通常会出现暖冬。

拉尼娜现象

拉尼娜现象是指赤道太平洋东部和中部海面温度持续异常降低的现象。拉尼娜现象通常出现在厄尔尼诺现象之后，产生机制与厄尔尼诺现象刚好相反，也被称为"反厄尔尼诺现象"。拉尼娜现象使东太平洋明显变冷，也会使全球气候混乱。

形成规律

太平洋信风持续加强时，赤道东太平洋海域表层暖水会随着信风流走，海域下层冷水上泛，补充表层水，从而使太平洋东部和中部海面表层温度持续异常降低，形成拉尼娜现象。

拉尼娜现象通常与厄尔尼诺现象交替出现，对气候的影响与厄尔尼诺现象基本相反。根据气候观测资料，拉尼娜现象出现的频率低于厄尔尼诺现象，强度也比厄尔尼诺现象弱。

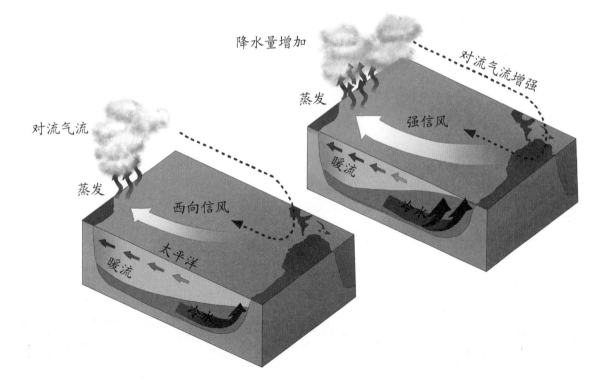

影响气候

拉尼娜现象通过海洋与大气之间的能量交换改变了大气环流，从而给印度尼西亚、澳大利亚东部、巴西东北部、印度及非洲南部等地区带来大幅度的降雨，同时会令太平洋东部和中部地区、阿根廷、非洲赤道附近区域、美国东南部等地干旱少雨。此外，拉尼娜现象造成的东亚地区环流异常会影响中国的天气变化，引发沙尘、洪水、干旱等。

南方强降雪

2008年，赤道东太平洋地区的海水温度比正常年份低0.5℃左右。这一异常的变化造成了东亚地区环流异常。在这一环流的影响下，中国北方冷空气南下。与此同时，南方地区有来自太平洋、印度洋的大量暖湿气流。冷暖气流相遇，给南方地区造成了大规模的雨雪天气。

回澜·拾贝

长江流域强降雨　1997年，热带太平洋上出现厄尔尼诺现象，又转为拉尼娜现象，使中国长江流域在1998年出现了强降雨，引发了严重的洪涝灾害。

减弱趋势　通过对拉尼娜现象的观测，科学家认为，随着全球变暖，拉尼娜现象有减弱的趋势。

赤　潮

　　赤潮又称"红色幽灵"，通常指特定环境条件下，海洋中的浮游生物短期内暴发性增殖或高度聚集而引起的水体变色或对海洋中其他生物产生危害的一种生态异常现象。赤潮不仅会影响海洋环境，还会危害其他海洋生物的生存，甚至影响人类健康。

赤潮的形成原因

　　赤潮的形成与多种因素相关，海域内的赤潮生物是赤潮形成的前提，水体富营养化则是赤潮形成的物质基础。此外，赤潮的形成还需要平静的海面、稳定的天气状况和充足的光照等自然因素。

赤潮的颜色

　　"赤潮"是一个历史沿用名称。发生赤潮的海水不只是红色的，还会出现其他颜色，如绿色、蓝色、棕色等。其实，赤潮的颜色与造成赤潮的生物种类和数量直接相关：中缢虫和夜光藻形成赤潮后，海水会变成红色或粉红色；真甲藻暴发性繁殖会造成水面呈绿色；某些硅藻还会形成棕色、灰褐色的赤潮。

赤潮的危害

赤潮发生后，不仅会使海水颜色发生变化，还会改变海水的酸碱性，增加海水的黏稠度。更为严重的是，赤潮会导致海域内的非赤潮藻类和其他浮游生物衰减，甚至灭亡。不仅如此，某些赤潮生物会分泌毒素，危害水中生物的生存，甚至会刺激人的皮肤和呼吸系统。

如何处理赤潮

处理赤潮常见的方法是撒播黏土法，即向发生赤潮的海域撒播一定量的黏土，从而除去赤潮生物。20世纪80年代，日本曾在鹿儿岛海面上进行过此类实验。这种方法效果明显，但会在一定程度上影响环境。较为环保的做法是向赤潮水域投放鱼类、水生植物、微生物等来抑制赤潮生物繁殖。此外，还可以采用化学药剂控制赤潮生物的增长。

回澜·拾贝

夜光藻　一种会发光的赤潮生物，能够在污染严重的水域生存，是造成中国赤潮的主要生物之一。

深圳海域赤潮　2000年8月，深圳坝光至惠阳澳头海域发生面积约为20平方千米的赤潮，导致卵形鲳鲹、美国红鱼、红鳍笛鲷等大批死亡，造成了巨大损失。

图书在版编目（CIP）数据

美丽海洋 / 盖广生总主编 .—青岛 : 青岛出版社 , 2016.10（2022.7 重印）
（认识海洋丛书）

ISBN 978-7-5552-4673-2

Ⅰ.①美… Ⅱ.①盖… Ⅲ.①海洋—普及读物 Ⅳ.① P7-49

中国版本图书馆 CIP 数据核字（2016）第 230704 号

MEILI HAIYANG

书　　名	美丽海洋
总 主 编	盖广生
出版发行	青岛出版社（青岛市崂山区海尔路 182 号）
本社网址	http://www.qdpub.com
邮购电话	0532-68068026
策　　划	张化新
责任编辑	朱凤霞　周静静
美术编辑	张　晓
装帧设计	央美阳光
制　　版	青岛艺鑫制版印刷有限公司
印　　刷	青岛东方华彩包装印刷有限公司
出版日期	2019 年 4 月第 3 版　2022 年 7 月第 9 次印刷
开　　本	20 开（889 mm × 1194 mm）
印　　张	8
字　　数	160 千
图　　数	180 幅
书　　号	ISBN 978-7-5552-4673-2
定　　价	36.00 元

编校印装质量、盗版监督服务电话：4006532017

本书建议陈列类别：科普／青少年读物